熟練駕馭
跑車教戰手冊

TOP RIDER
流行騎士系列叢書

INDEX 目錄

抓住幾個要訣
也能隨心所欲地
快意馳騁

士之路

賽車手般騎姿的精隨

邁向超跑騎

每每看到賽車場上車手的勁爆騎姿
無論是側掛過彎或是摩膝
總是那樣地讓人心醉神迷和嚮往
其實想要有這樣的騎姿並不困難
只要抓住幾個簡單的要訣
也能隨心所欲地快意馳騁

簡單學會酷帥的超跑騎姿

說到騎乘的精髓大家想到的就是酷帥的騎姿
客觀地從影片或照片來觀察隨便都能找到許多的重點
現在就來將這些重點提出來，提升駕馭超跑的技巧

Point 注意外側腳 不要刻意外開

要以帥氣的姿勢騎乘最重要的就是外側腳，整個張開的話，就無法支撐身體，外側腳無法抓住此一要領的話，身體其他部位也會變得施力過多

Point 用著駝背的感覺 將背部拱起

要是沒將背拱起，即使能以外側腳來支撐身體，重心還是會跑掉。只要仔細觀察就能發現騎姿帥氣的騎士，背一定都是呈現拱起的駝背狀態

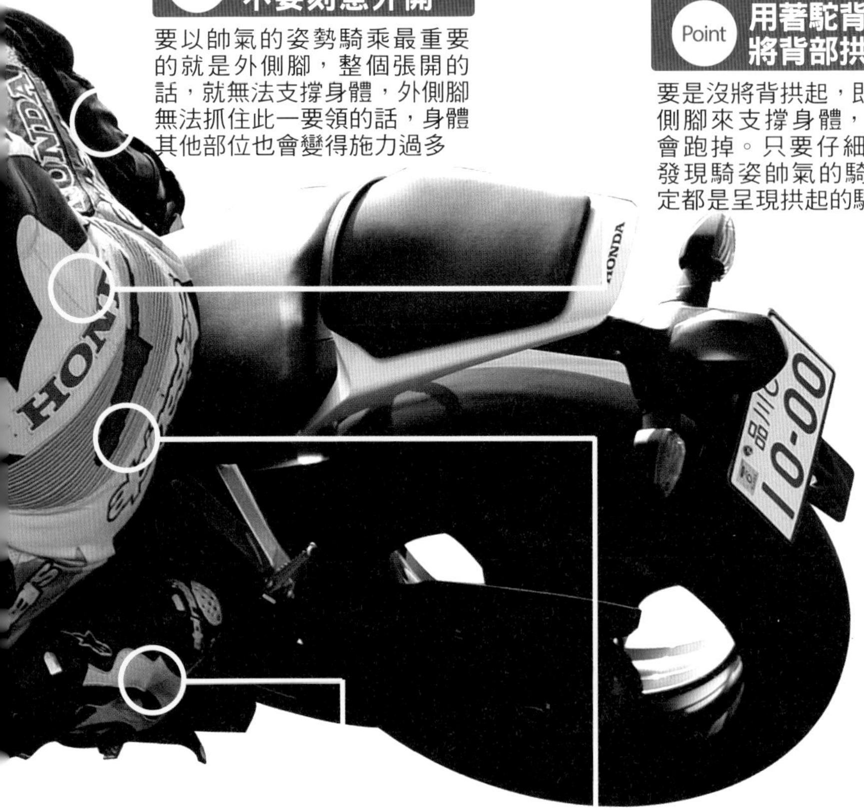

Point 內側腳不要對 腳踏施力

在過彎時是否發現對內側腳施力？支撐身體應該要以外側腳為重心，如果靠內側腳來支撐身體就會無法平衡，帥氣的騎乘姿勢其實是非常放鬆的駕馭車輛

Point 臀部要坐在 重心加載的位置

坐在坐墊的哪個位置上依個人的體格而有不同，坐得太後面的話重心就會跑掉，若是太依賴煞車來對抗減速G力，重心就會過度外移。重心過度外移時背就無法確實彎曲

Point 視線持續看行進方向

如圖所示，車手視線看著與行進取線重疊的左上方，就能沿著正確的方向移動，如果只是一昧看著自己的前方，就會無法準備做出之後的動作，因而無法掌握操控的時機進入無限的惡性循環，視線也會變得更狹窄

Point 肩膀不要太移向內側

想要做到側掛過彎，肩膀就不能太過向內側移動，否則身體的重心就會偏向內側，造成內側腳重踩腳踏，使得外側腳無法支撐

Point 手肘不緊繃緩緩地轉彎

手肘伸得太過會妨礙車把轉向的自然動作，上半身會因此挺直，背就不會弓起，務必注意身體各部份都會相互影響

觀察自己的騎乘姿勢
追求騎乘的帥氣度

只要基礎打得好，做出正確的騎乘姿勢，車子就能輕鬆又平順，騎乘姿勢自然就會變得帥氣。所謂的基礎，就是是否能支撐整個車體，進而有人車一體的感覺，方法會在後續向各位說明，但是首先請以最客觀的方式來檢視自己的騎乘姿勢。

擁有豐富經驗的賽車手岡田先生在開始加入賽車行列的時候，曾經先徹底地研究過騎得又快又好的人他們騎車時的姿勢。在每天整備車子的工作結束之後，一定會到鏡子面前觀察自己的騎乘姿勢，仔細地和騎得好的人比較，自己的騎乘姿勢有何需要改進的地方，甚至為此通宵達旦，只為了讓自

己的騎姿更加帥氣。

檢視騎乘姿勢時可以利用錄影或是拍照的方式把騎乘過程記錄下來，然後自己再從客觀的角度去觀察，就算自己認為已經辦到，身體某個部位或許還處於尚未到位的狀態，因此都要重新認真考量，要有酷帥的騎姿絕對不是不可能的任務。

跑得快又平順的人騎姿就是這麼帥！

回憶一下在駕訓班
學過的緊急煞車方法

所謂酷帥的騎乘姿勢，其實就是人車一體，並且順利地將荷重加載在輪胎上的狀態。只要荷重的加載做得對，就能確實掌握輪胎的抓地力。

就以在駕訓班學習到的緊急煞車來舉例，只要一煞車，車體就會急速下沉，車子的重量加上自己的體重瞬間就會加載在前輪上。其實經驗豐富的騎士，這時不會只將荷重加載在前輪，也會將荷重平均加載在後輪，請大家回憶一下這緊急煞車的瞬間動作。

按下煞車的瞬間，身體會不由自主地向前傾，因此造成騎士自身

與愛車成為一體

利用膝蓋內側緊貼油箱

所謂的膝蓋夾緊油箱
其實只是讓膝蓋內側緊貼油箱側面
過度施力會讓臀部浮起造成反效果

的不安。這時大多數的人都會雙臂緊繃，移動重心來對抗這減速G力，這時身體後移，若是沒將車子煞住，反而會更加危險。這時該做的是不要和減速G力抗衡，就讓荷重加載在前輪上。

這麼一來要如何撐住身體呢？關鍵就在夾膝的動作。這樣的方式或許大家都聽過，以膝蓋夾住車體，身體和車子就能一體化，就能立刻讓車體穩定下來。在稍後的過彎技巧中也會提到，下半身所引發的支撐力，是非常重要的技巧。不過說來容易做起來卻很困難，這麼單純夾住油箱的動作，要是前輪加載的荷重過大，豈不會更恐怖

這就是酷帥騎姿的捷徑

騎乘時注意腹肌的施力

按下煞車讓車子一口氣減速的做法，任誰都會感到不安
不需要測試自己的膽量，只要再次審視自己的騎乘姿勢
平順騎乘的關鍵，其實就在自己的身上

把身體縮起
找出自己的最佳姿勢

煞車開始的瞬間，車體的荷重就會移動到前輪，這時並不需要違背自然的動作，試著將自己的注意力轉移到腹肌上，不過這和腹肌施力的強弱無關。一邊進行夾膝的動作，並縮起小腹（腹肌），這時就會有背部弓起，全身縮成了一團的感覺，其實這就是能讓自己和車子擁有一體感的支撐力。只要縮小腹讓背弓起，雖然車子的荷重會移向前輪，但自己身體的重心還是會停留在坐墊上。油箱尾端和跨下接觸的感觸，還有坐墊和臀部的接觸面，應該會有向前摩擦的感覺。在這樣的狀態下就表示荷重已經加載在後輪上。

此時要注意的是，不

需要太過在意夾膝這個動作，否則上半身就會因此而挺直，上半身挺直就會無法撐住減速G力所帶來的衝力，雙臂就會自然地緊繃，就會失去下半身對坐墊的荷重。

想像自己在格鬥比賽中和對手對戰的時候，或是想像自己在荒野和猛獸激戰時，先不管勝負，為了讓自己行動更敏捷，一定都會讓身體縮起來，進入戰鬥的態勢。機車的騎乘其實就和戰鬥態勢一樣，為了讓自己能立刻做出任何反應動作，就絕對不會對身體的某一部份施力。腹肌是身體的中心部位，所以只要縮小腹，身體就會自然地縮起。不只是煞車時，進入彎道時的動作其實在本質上也是相同的，這就是擁有酷帥騎姿的基本。

會害怕一定有理由

找出恐懼的原因、千萬不要勉強自己

操控是為了要讓車子發揮出最高的效率動作
會害怕是正常的，但勉強自己也無法改善技術
要訣是在不害怕的範圍內，逐步讓技術提升

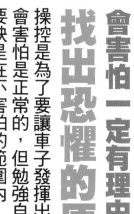

不會處理右彎道
發動時後輪感覺快滑掉
進彎速度太快
而無法過彎
降檔後輪就會鎖死
過彎時擔心會直接滑倒
無法掌

沒有必要強迫自己消除心中的恐懼

岡田先生表示自己在剛開始參加賽車，為了能讓自己的速度變得更快而勤於練習時，常常因為速度過快而感到害怕。不過因為要參加比賽，速度不快又不行，要讓自己騎得更快，就非得超越自己的極限不可。一開始會勉強自己騎，但越是想超越自己的極限，就越會感到害怕。最讓自己感到害怕的是速度和在那樣的速度之下煞車。在彎道時必須一邊想著要深入到什麼樣的地步，並且嘗試去做，這才是最讓人害怕的地方。一開始只知道要握住煞車拉桿，其他幾乎可說是腦筋一片空白。

其實這絕對是錯誤的做法。「恐懼感」是人類

絕對不要有雖然覺得可怕但忍一下就好的想法……

各種優越感覺中的一種，既然會感到害怕就一定有原因。沒把恐懼的原因徹底解決，就無法排除恐懼的心理。

以煞車為例，因為前輪好像會因此鎖死，而擔心身體是不是會飛撲出去。這時要用膝蓋夾住油箱，用這夾膝的動作來撐住身體，這麼一來恐懼感就會減少。接下來再用下半身來支撐車身，就可以讓車身穩定。只要車子穩定，就能減低恐懼感，也可以慢慢地開始控制速度，一點一點地提升技術。煞車此時的作用並非減速，而是用來調整速度，不同想法就會滋生出不同心態。

會對煞車產生恐懼，就不要勉強煞車使得前叉下沉，而是應該恢復為原本讓自己不害怕的速度。

逐一訂立課題
按部就班地提升技術

將速度調整到自己不會害怕的程度後，預先在心中訂出停止的位置，到達那個位置前一邊慢慢地按煞車控制速度，開始時制動距離就算長一點也無所謂，試著在不會害怕的程度內以煞車和放開煞車來調整速度。然後再用身體去感受並記住按下煞車拉桿的幅度和減速程度。賽車手能完全掌握煞車的性能，所以才能隨心所欲地減速，這時心中就不會有恐懼，並能冷靜地掌握車體動態。機車的操控有著許多技巧要去挑戰，有多少挑戰就有多少樂趣，以這樣的正面思考，一定能讓技巧更為提升。

也可以在煞車前將檔位降到一檔，充分地利

用引擎煞車。只要引擎煞車啟動，就更能放心地騎乘。減速時有按下前後煞車，降檔和配合油門收放各種不同的操控，對這樣的操作感到害怕而勉強去做，對一般騎士而言並無法一次辦到。

即使是騎乘技巧中等的騎士，其實也能一個一個地將不同的課題解決。一開始在位置前方降檔，不開油門，慢慢地按壓離合器，這樣就不會引發太突出的動作。剛開始只要讓自己先瞭解煞車的性能，掌握其中一個要訣後，再輕鬆地進入下一個課題。

在其他會感到害怕的場合也是同樣道理，一定能找出其中的原因才能著手解決，所以找出害怕的原因是提升技巧非常重要的一環。

確實掌握煞車機能
有助於降低操駕恐懼

以前傾的騎姿掌握車身動態
掌握超跑的人車一體感

只要是騎超跑，就希望能以側掛過彎的酷帥騎姿來過彎
不過在這之前，請先確認自己是否有掌握基本騎姿
在不斷的嘗試後就能平穩更暢快地操控

想要快意騎乘，隨心所欲駕馭超跑的秘訣就是身體要配合輕巧的車身來進行操控

將身體縮起
以下半身穩定車體

大家應該都知道全整流罩式超跑是運動騎乘特化的車子，構成車子的重物都盡可能地接近車子的重心，此一設計就是為了要確保其高度的運動性能，前傾的騎乘姿勢也是為了能在重心附近進行操控所做的設定。

想像一下天花板掉下來時的情況，相信人的直覺反應一定都會舉起雙手企圖撐住天花板，這時手腕和手肘都位在同一條直線上，這是最容易施力的姿勢。以現代的跑車為例，騎乘位置就是設定在這最容易施力的理想姿勢，是為了要讓踩腳踏、夾膝、轉向各種騎乘操控能更容易。

除了轉向外，其他動

注意縮小腹
以下半身穩定車體

縮小腹讓上半身放輕鬆，以踩在腳踏上的腳和坐在坐墊上的臀部作為支點，雙膝夾著油箱

除了在要轉彎的時候之外，都不要對手腕施力，車子就會很自然地轉向

沒有注意縮小腹，在這狀態下即使有夾膝，對車體的荷重會消失，並使得車子變得不穩

下半身無法支撐車子，會變成以手臂來支撐上半身，也會妨礙車子的動作

作都不需要施力，如前面所提到注意腹肌的使用，以下半身來穩住車體。慢慢地吐氣並縮小腹，將手和腳都更靠近自己，就能將身體縮得更小。在這樣的狀態下夾膝，並讓上半身放鬆是最基本的姿勢，無論新舊車型都是一樣原理。現在的跑車已經能輕快地操控，即使是在市區也一樣游刃有餘。引擎雖是高轉速型，但操控卻變得更加輕鬆，這點也是超跑車最令人讚賞的部份。

因此就算提升速度，還是能輕鬆地繼續前進，現在就請大家試著來掌握下半身的施力。縮小腹弓起背部，兩膝夾住油箱，速度越是提升，就越需要這個支撐的力量，只要這麼做，就一定能感受到騎乘中車體穩定度的變化。

只要不對上半身施力
就能輕鬆地騎乘
HONDA
HONDA
PIRELLI

解決超跑騎士潛藏在心中已久的煩惱

以 CBR600RR 為例，操控的靈活度和輕量的車身，更能善加利用它的強大排氣量，完成度非常之高，十足的穩定性讓人放心騎乘，也因此容易讓人疏忽夾膝的動作。實際上如果太過堅持支撐度，反而會讓本身較輕的車體無法完全發揮它的輕快特性。不過最重要的還是在下半身與外側腳的支撐，是否會因為騎乘的靈活性高，而忽略了外側腳的支撐，這一點就必須要重新確認自己的騎乘姿勢。

或許有人會認為排氣量較小的 CBR600RR 不需要像 CBR1000RR 一樣那麼重視支撐方式，而且有可能會因此損失車子本身應有的運動性能。雖然

GP車手在過彎瞬間 內側腳會離開腳踏是因為 外側腳能穩穩支撐身體

在 MotoGP 比賽時，常看到內側腳離開腳踏的過彎畫面，雖說也是為了換腳踏腳踏時比較方便，不過也表示了外側腳能確實擔負起支撐作用，內側腳即使沒踩在腳踏上也沒關係

身體就是無法乖乖聽話進行操控

本田惠子

職業漫畫家，40 歲時取得機車駕照，從出遊到賽道騎乘都是經驗十足的騎士。

說以騎乘性積極的超跑而言，CBR600RR的完成度確實很高，但支撐性還是不可或缺。沒錯，太過於在意的話，確實會讓車子應有的運動性能無法確實發揮，但是之前所做的下半身支撐說明，依然是最基本的騎乘技巧。

漫畫家本田惠子小姐就是一位擁有CBR600RR的騎士，她也常常在賽道上享受騎乘的樂趣，不過本田小姐卻因不擅長右彎操作而苦惱不已。岡田先生為了要解決她的問題來到圓形跑道上，請她實際騎乘一次。在看過騎乘過程後，岡田先生表示本田小姐的身體重量完全加載於內側腳上，於是要求本田小姐從左彎開始騎乘，並且要以外傾過彎的方式來騎乘。

過彎時只要能用
外側腳來支撐
上半身就能自然放鬆
過彎時擔心
會往內側倒車
很自然會
向內側腳踏施力

採取外傾的騎乘姿勢以外側腳來穩住車身

請大家先想想越野車賽中車手過彎時的畫面，採取外傾的騎乘姿勢，並用外側腳膝蓋確實穩住車身，這一點即使是在公道上騎乘的車子也有著相同的原理，也是以外側腳來擔負支撐的作用。其實本田小姐並非不擅長右彎道，而是因為右彎時油門和煞車的操控都在下方，所以會感到很難操作。這時需要的並不是嘗試各種不同方式，而是應該只要試著以外側腳來穩住車身。

雖然說採取外傾姿勢過彎對CBR600RR確實有點困難，不過挺起上半身並不會因此造成對車把施力的狀態，所以更容易把注意力集中在下半身

先試著以外傾的方式過彎

以騎乘位置較為前傾的 CBR 來說，外傾過彎的感覺或許會比較奇怪，不過只要上身挺起就能讓身體集中在以外側腳來支撐

一開始行走階段的本田小姐，因為以內側腳來支撐身體的關係，無法支撐車子，也缺乏和車子的一體感

體驗過採用外傾過彎並以外側腳來支撐方式後的本田小姐，騎乘姿勢變得極為自然，和車子有著高度的一體感

的支撐上。跨上車騎個幾圈後，本田小姐也很快地就習慣外傾過彎的騎乘姿勢，而且也越騎越穩定。這是讓騎乘技術更加提升的方式之一，也是機車騎乘上的基本動作，請大家務必要試試看。

更帥氣地做出過彎的動作

外側腳的位置
決定過彎動作的優劣

騎超跑的醍醐味當然就是過彎，這是騎士追求的境界
漂亮的過彎動作，更要注意下半身的支撐
要訣在於外側腳的夾膝動作

側掛時要隨時注意外側腳的大腿內側

縮小腹的狀態下
大腿內側貼著油箱

雖然還需要踩腳踏的力道，不過這麼做的目的也是要讓大腿內側貼著油箱，同時臀部不能離開坐墊，縮小腹並讓背部弓起

換邊側掛時利用外側膝蓋來移動

若是要維持側掛的姿勢換邊的話，以外側腳的膝蓋施力撞向油箱，然後身體向著對側移動

和坐墊接觸的臀部滑向對側

由左彎道轉右彎道一樣以外側腳的大腿內側支撐。需要注意臀部移動時，就像擦過坐墊般，重心移動時記得縮小腹

以外側腳穩定下半身人車就能合為一體

在過彎時就算不做側掛的動作，外側腳的支撐還是非常重要。讓身體完全靠外側腳來支撐，其他的部份就能放輕鬆，這裡所指的外側腳並不是踩在腳踏上的腳，而是外側腳的夾膝動作。

所謂的夾膝，可能會讓許多人誤會需要用力夾緊膝蓋，但是過度施力反而會讓身體的重心跑掉，無法一邊穩定身體一邊對後輪負重。實際上擔任真正支撐任務的是靠著油箱的大腿內側。以超跑而言，側掛時油箱的側面正好和腰部形成極佳的角度，只要用大腿內側來靠著，就能支撐住身體，這麼一來車體就能穩住，達到人車一體感。

臀部離開坐墊後移動
荷重也會隨著移動

換邊側掛是個很華麗的動作，但如果動作做得太過急躁，臀部就會離開坐墊，失去重心，車體就會變得無法穩定。無論如何都不能對手腕施力，動作完全以外側腳為中心

CAUTION注意事項

如果外側腳
沒負起支撐任務的話

- 內側腳的大腿會施力過度
- 會用力踩內側的腳踏
- 上半身無法放輕鬆
- 內側手肘會變得緊繃
- 無法達到人車一體的感覺
- 無法掌握輪胎的抓地力
- 騎上坡道車子會搖晃

移腰側掛時
重點在於外側腳要穩定身體

移腰側掛時
腰切忌偏移過度

雖說側掛的動作對超跑來說是很容易辦到，但腰的偏移絕對不能過度。基準在於油箱側面的角度，以維持大腿內側緊緊貼著油箱側面的程度進行腰的移動。騎乘街車也一樣，腰的移動絕對不能讓外側腳的膝蓋也一起跟著外開。

仔細觀察上圖，重點在於大腿內側是否緊貼著油箱外側，因為必須靠這個面來支撐，當然要對此施力，移動腰部的距離也只需要一至兩個拳頭左右的寬度就夠了，可以和左邊的錯誤示範圖片互相比照，修正自己的騎乘姿勢，才能更帥氣又安全地享受超跑駕馭樂趣。

注意箭頭處的錯誤示範

腰部移動太大，大腿內側無法配合到油箱的角度，膝蓋就會外開。在這狀態下會無法支撐，而且也會對其他地方做不必要的施力。

外側腳荷重的密切關係
過彎動作的重點

過彎中一直都是靠著外側大腿內側來支撐車體
無論是減速或加速，荷重要持續維持車子才能穩定
確實掌握過彎動作每一個重點

過彎

再次把小腹內縮
將身體縮起

感覺到車子順著自己所想的路線過彎的話，可以再將腰移出些讓彎度更提高，過彎中不僅要記得以外側腳做支撐，更要記得縮小腹，這時全身就會有和車子一體化的感覺。

出彎

加強外側腳的支撐
穩定車身

出彎時配合速度再加強外側腳大腿內側的支撐力道，同時也必須注意要縮小腹。為了在車體搖晃時也能確實對應，可以稍稍施力在背肌和外側的臀部上，相對的，內側的下半身還有上半身都必須保持輕鬆的狀態。

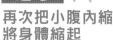

煞車

全靠外側腳來支撐 別忘了縮小腹

在減速階段就先稍稍移動腰部，外側腳的大腿內側就開始支撐車子的動作，另外，千萬不要忘了縮小腹，並將身體縮起，就算會受到減速 G 力地作用，還是可以只靠下半身來支撐。

進彎

做好準備開始轉彎 向內側壓車

準備開始轉彎，向內側壓車，車子就會向著壓的方向轉彎。壓車的力道因速度而異，車子開始轉彎後力量立刻放鬆，否則會影響到自然的轉向。

最大傾角的誘惑

可以引導出迴旋力的過彎傾角……

對於絕大多數騎士而言
往往會把攻彎中的傾角
當作自己騎乘技巧的指標
因此「最大傾角」
當然就是達到最高境界的象徵
但若一味加深傾角
只會徒然增加風險
究竟應該如何引導出
摩托車的迴旋力呢？

何謂最大傾角？
What's "Max Lean ANGLE"?

並非單指最大傾角的深度
而是將摩托車的迴旋力引出最大限度

僅憑加深車身傾角並不能算是最大傾角
重點在於完全發揮潛藏在摩托車內的迴旋力

SHOEI
SHOEI
PIRELLI
ARLENNESS

為何壓低車身
就能提升迴旋力？

為了將迴旋力發揮到最大極限，必須做出最大傾角
不過在此之前，應先了解摩托車過彎的原理
「為何壓低摩托車就可產生迴旋力？」
在看似簡單的問題中，其實深藏強大的攻彎秘訣

壓深車體傾角才能強力攻彎？

擁有強大攻彎性能的 MotoGP 賽車，其所能承受的過彎傾角亦十分驚人。話雖如此，車身傾角的深度絕非是能讓摩托車強力過彎的原因。車體除了要有以攻彎為最優先的設計，還必須搭配具備專業騎術的頂尖車手，否則高性能賽車無法充份發揮過彎力道，與市售車將毫無差別

壓車傾角越大 過彎性能越強？

「騎乘摩托車時，只要把車體傾斜就可過彎。」相信這點眾多騎士們都能做到，就算不知道原理也可以透過身體來抓住過彎的操控感。而有不少騎士覺得「把車體壓得越低，迴旋力越好」。

確實在許多專業賽事場面中，車手不僅膝蓋磨地，甚至連腳踝都快要磨到賽道上了。除此之外，平時騎乘摩托車時，總覺得速度比自己快的車友過彎傾角也比自己深……想必這些都是一般人心中的印象。

不過究竟是否真是如此？首先我們應從摩托車過彎的物理性原因來探究其中道理。

① 接地點

從前方車胎的軸心開始，朝地面垂直畫一條筆直的線，該線與路面的交點處就是手把擺正狀態下的接地點。如果手把轉向，接地點也會些微移位

② 轉向中心軸

指以車架轉向樞軸為起點，筆直向地面畫出一條延伸線。這條延伸線與路面相交的角度即為前叉傾角，對於直線前進以及舵角等方面具有一定影響

③ 拖曳矩

車胎接地點與轉向中心軸地面交點兩者間的距離。把車胎的接地點向前方拉伸而產生足夠穩定性。叉管的中心線與轉向中心軸間的差距稱為偏差值

汽車車胎的接地面較為平坦，轉彎時依靠駕駛轉動方向盤讓輪胎與地面磨擦來改變方向。相較之下，摩托車除了在極低速下的U型迴轉外，其餘幾乎都用不太到手把，而是依靠車體、亦即傾斜車胎的方式過彎

斷面形狀呈弧形 所以朝傾斜面旋轉

接地面（斷面形狀）呈弧形的摩托車車胎，越往胎緣靠近圓周長度就越小，因此能朝傾角方向轉彎，這就是摩托車轉彎的基本原理。而前輪既有前叉傾角、又能自由調整手把方向，所以車體會追隨後輪的傾斜角度，以劃同心圓的方式過彎

在某種程度上這樣說的確沒錯

首先，車胎與地面接觸的形狀呈圓弧狀，在轉動的過程中只要稍微傾斜，摩托車便開始朝該方向轉動，這就是過彎的基本原理。不過當接地面越朝車胎內緣收縮，接地同心圓的圓周就越短。換言之，摩托車過彎傾角越大，迴旋半徑就越小。

這樣說起來，攻彎傾角越深越能過彎不是沒錯嗎？到目前為止的推論在某種程度上而言確實沒錯。但實際上車胎並不會持續保持在旋轉狀態，而會藉由引擎所產生的驅動力來轉動，同時對路面產生下壓力量。這種力量（負重）越大，就會讓車胎凹陷，進而產生強大抓地力並提高車身迴旋力。

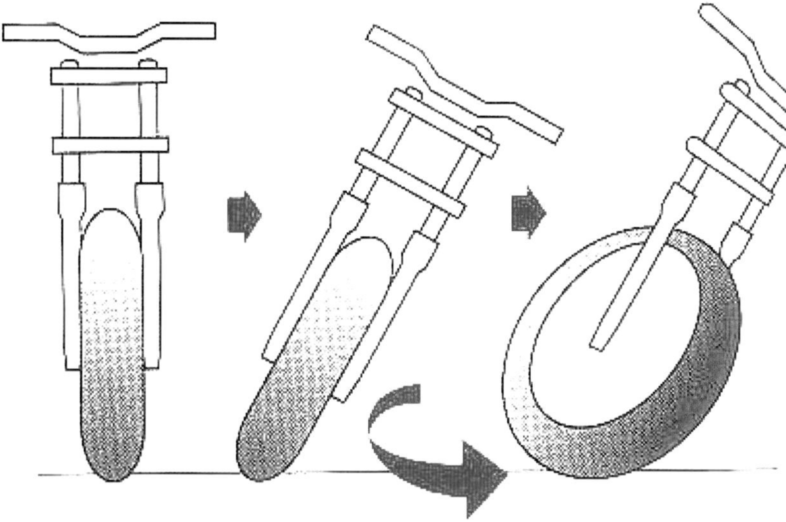

前輪追隨後輪的傾角

在前叉設置叉管傾角的目的，是為了讓車身在回正時可以產生直線前進的穩定性。在壓低車身做傾角時，為了不妨礙後輪的迴旋，前輪會自動依循後輪迴旋軌跡稍稍朝內側偏移，讓車子可以更加平順地過彎。加上拖曳矩，車體才能在過彎期間依然保持穩定。

傾斜車體 ＝ 傾斜後輪 → 前輪（龍頭）自然轉向 → 過彎

撇開艱深的理論，摩托車的過彎原理其實意外簡單。在引導出最大限度的迴旋力時，無論是摩托車的操作或騎士的動作都必須儘量單純、避免做出多餘的動作。

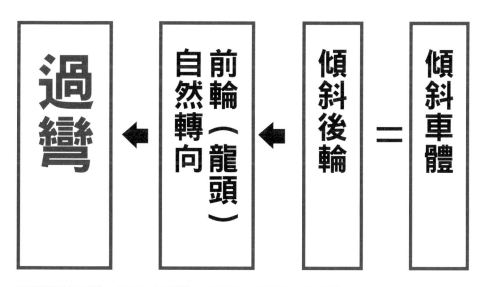

透過機器設備驗證過彎傾角

傾角越深越容易過彎？

技巧高超、速度飛快的騎士過彎傾角一定較深嗎？一般騎士會因過彎傾角較淺而無法順利過彎甚至影響速度？以下就用同一個彎道及同一部車來進行徹底驗證！

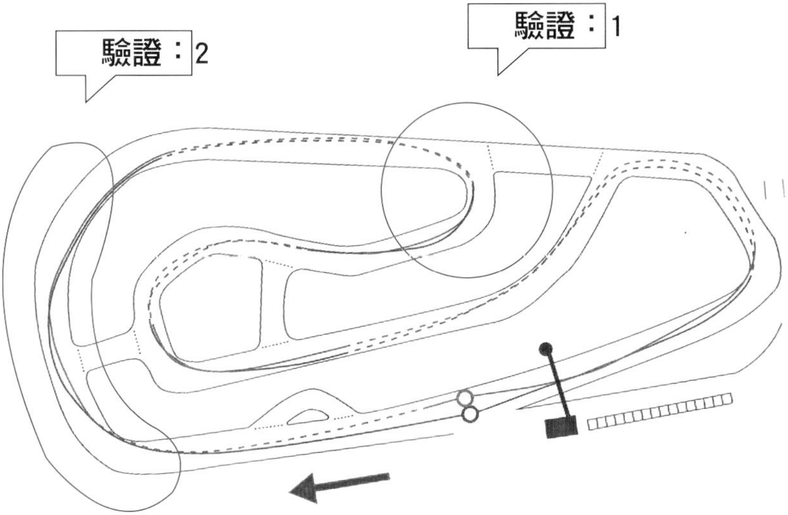

以筑波1000的髮夾彎及高速彎道來進行驗證

全長約 1000 公尺左右的賽道上，如果善加利用賽場上的捷徑，可以變化出各式各樣的比賽路徑。由於賽場中的所有彎道幾乎都沒有斜度（路面的垂直傾角）而呈現平面狀態，因此騎乘條件近似於山路。本次驗證內容從 1 到 2，一個屬彎道後接續的高速彎，一個是髮夾彎，分兩種類型進行驗證。

多位專業騎士視覺化數據化檢證

雖說從驗證結果來看一目了然，但只有小川的速度最低點與最大傾角點在同一時間，而且最低速度出現位置在四人中最後面。不過宮城與伊丹這兩點的距離就比較大。至於騎乘線位三人都不一樣，小川採取最為貼近彎道內側的線位，伊丹則是以大外角方式切入，宮城在車體回正時的幅度最大。不過三人在單圈紀錄卻幾乎不分軒輊，這也是令人感到有趣的地方。

在最大過彎傾角以及最低速度方面，包含村上在內彼此沒有太大差距。不過因為村上單圈紀錄較慢，因此較不適合歸類在本次測試結果中。

驗證 1
Verifieation

在攻略髮夾彎時是否速度最低點同時也是傾角最深點？

編輯部用顏色區分每位騎士的路線，虛線代表減速中，實線代表加速。然後在騎乘軌跡上最大傾角時點，以及最低速度時點標記出來，透過比較兩個時間點之間的差距以及加減速狀態，觀察出每位騎士的操作特徵。

將過彎操控過程完全數值化並視覺化的結果究竟如何？宮城、伊丹、小川等專業騎士，從下場之前就顯得興致勃勃。究竟這些數據會跟代表一般騎士代表村上相差多少呢？

最大減速時點約在40km/h前後，相當於低速到中速的彎道。但由於彎道本身彎度夠，所以騎乘者若不仔細規劃線位，到後半場會相對辛苦許多

宮城光　伊丹孝裕　小川勤　村上史人
加速（實線）　減速（虛線）

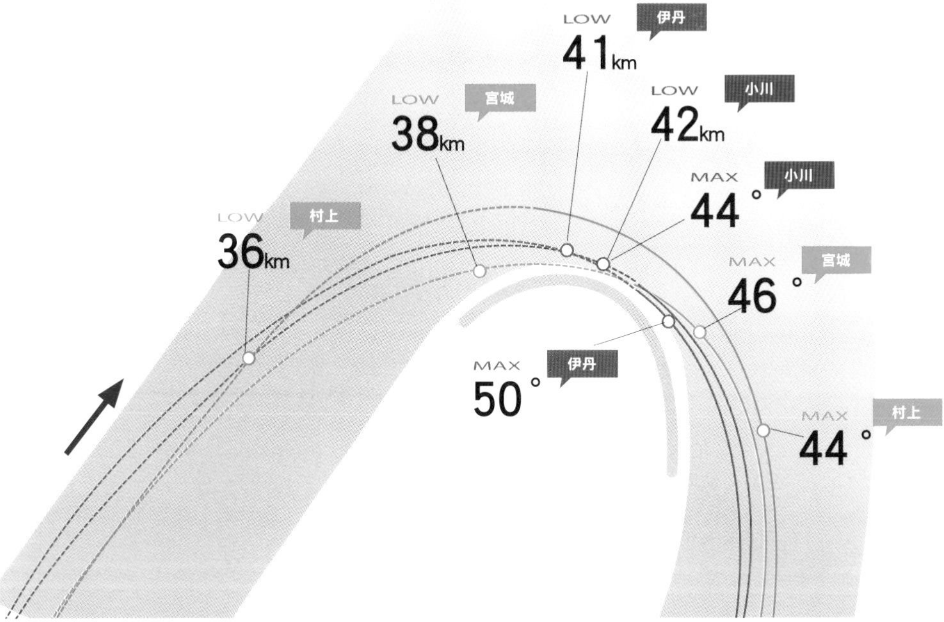

身為前廠車車手的宮城，雖然現在已經不需要為了縮短秒數而奮力衝刺，但累積的專業騎術在測試中充份發揮，無論最高速度或過彎的減速率等都具有一流水準

最高速度
156km
最佳時間
44.3秒
髮夾彎最大傾角
46°
高速彎最大傾角
40度

Rider
宮城光

身為挑戰曼島TT大賽的國際車手，伊丹先生對影響時間的速度與效率相當重視。善於利用賽道的寬度進行攻彎，過彎傾角也是四位騎士中最深的

最高速度
148km
最佳時間
43.5秒
髮夾彎最大傾角
50°
高速彎最大傾角
46度

Rider
伊丹孝裕

小川的騎術秉持「關閉油門過彎」、「入彎初期強力轉向」等原則。儘管過彎傾角不深，但過彎的速度非常快，所以創下跟伊丹同樣的時間記錄

最高速度
145km
最佳時間
43.5秒
髮夾彎最大傾角
44°
高速彎最大傾角
40度

Rider
小川勤

新人村上一心想把過彎傾角壓低，結果雖然如其所願，但在線位規劃上未經縝密思考，在進彎、出彎時都無法提高速度，所以整體時間表現平平

最高速度
116km
最佳時間
55秒
髮夾彎最大傾角
44°
高速彎最大傾角
46度

Rider
村上史人

利用電子裝置讓騎乘技巧更精進！

數位傾角偵測儀

隨著科技日新月異，現在多了以前所無法想像的裝置
只要在後座加裝一個小小的偵測儀
就能偵測壓車傾角、行駛路線和速度變化等數據了

將數位測量器及感應器裝入專用的盒套後架設在車體上即可（本次測量用膠帶將測量器貼在後座坐墊中央處）。由於不須另外接線，憑內藏電源即可以每0.2 秒更新的標準設定紀錄 4 小時

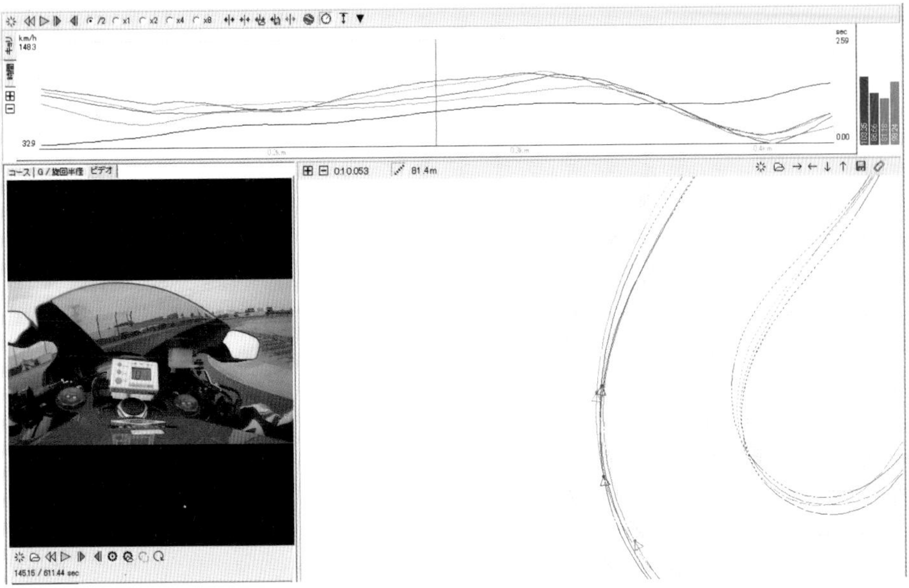

電子紀錄裝置

利用一台超小型 GPS 搭配專用分析軟體，即可將速度、線位等資訊以時間軸方式紀錄。最新的軟體已經擁有和車載鏡頭同步處理的能力。

車載攝影機 + 數位傾角感應器

數位傾角量測器能將車體傾角即時呈現。可以根據不同彎道進行 30 處最大傾角的紀錄

驗證 2
Verifieation

越是高速彎道騎乘差異越明顯不過，過彎傾角整體沒有太大差異

連續兩個彎道合在一起的複合式彎道，因為可以當作一個高速彎道來看待，進彎和迴旋的速度都比較高，且取線方式完全不同，雖然看起來很簡單，但事實上算是比較難的彎道

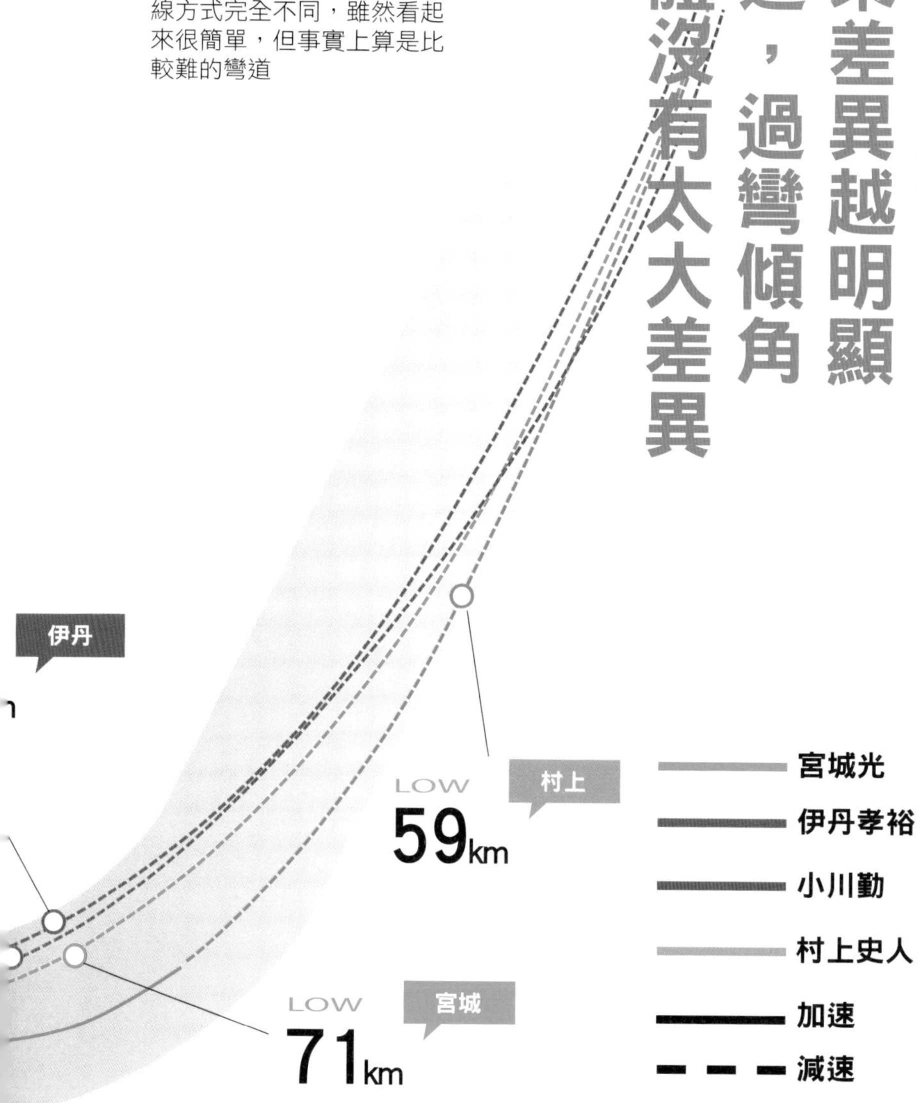

仔細比較
每個人的差異

在高速彎道上，宮城與伊丹在最低速度與最大傾角時點較為接近。相較之下，小川在入彎初期即達到最大傾角，速度降下時已在迴旋過程的中盤。不過以騎乘線位來說，宮城與小川比較接近，伊丹則較為不同。

至於村上先生則跟髮夾彎的線位相同，在彎道出口附近以最大傾角處理（而且比宮城和小川的傾角來得深）。或許對賽道不夠熟悉也是一個問題，但漸漸上手後傾角越來越深。進彎速度較低這點沒有問題，但是攻彎過程結構較為鬆散，因而無法一次順利過彎，不得不壓彎兩次。

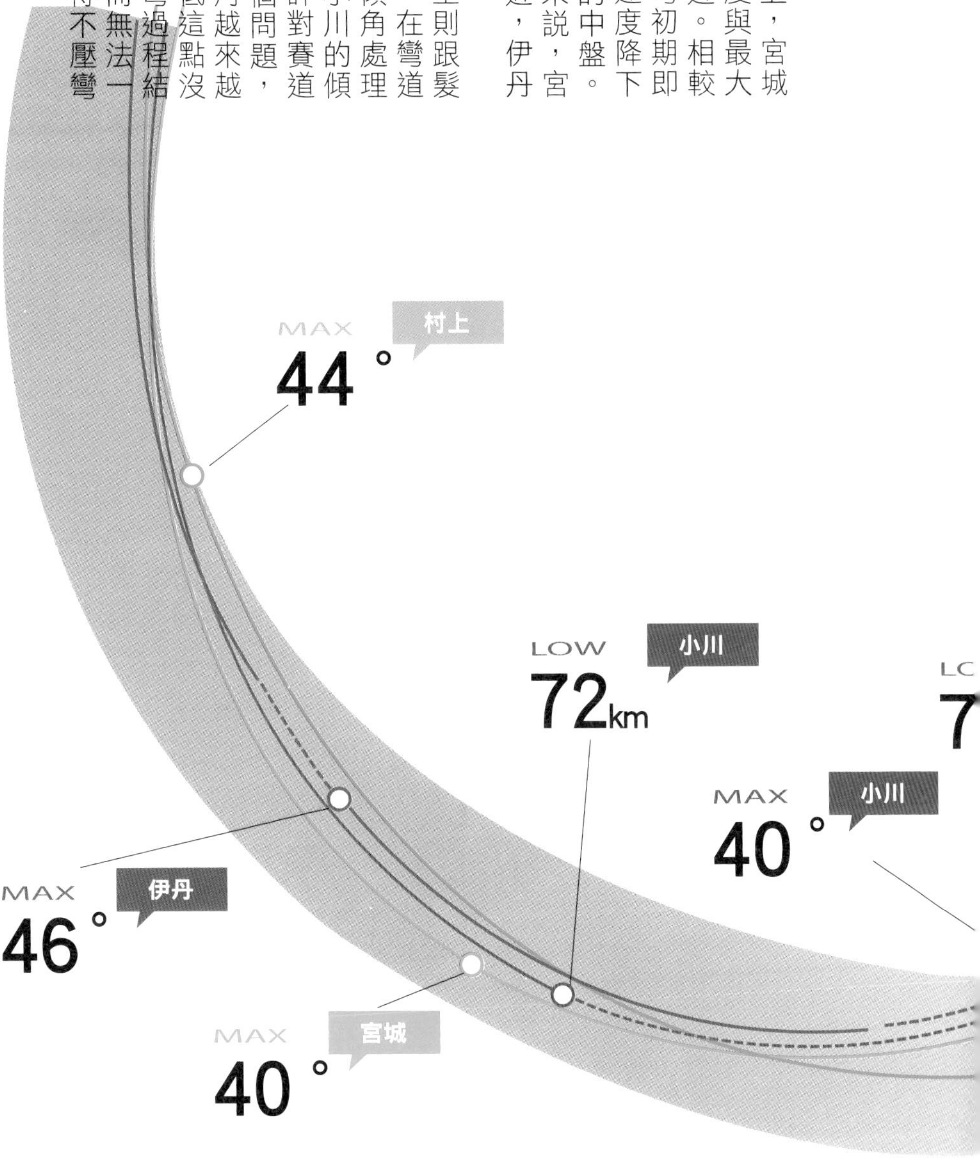

伊丹 效率良好的操控及線位跑法

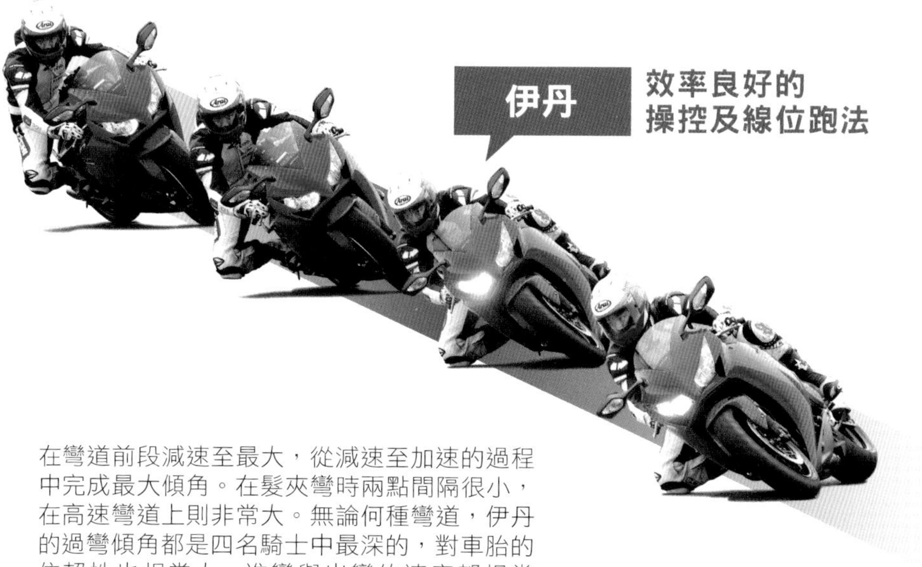

在彎道前段減速至最大，從減速至加速的過程中完成最大傾角。在髮夾彎時兩點間隔很小，在高速彎道上則非常大。無論何種彎道，伊丹的過彎傾角都是四名騎士中最深的，對車胎的依賴性也相當大。進彎與出彎的速度都相當高，將賽道寬度進行大幅度範圍的利用，並習慣從相當外側的角度入彎。基本的操控內容跟宮城非常類似，畢竟擁有曼島 TT 的參賽經驗，採取的跑法也講求效率。

小川 取線緊密扎實 彎道前段已轉向

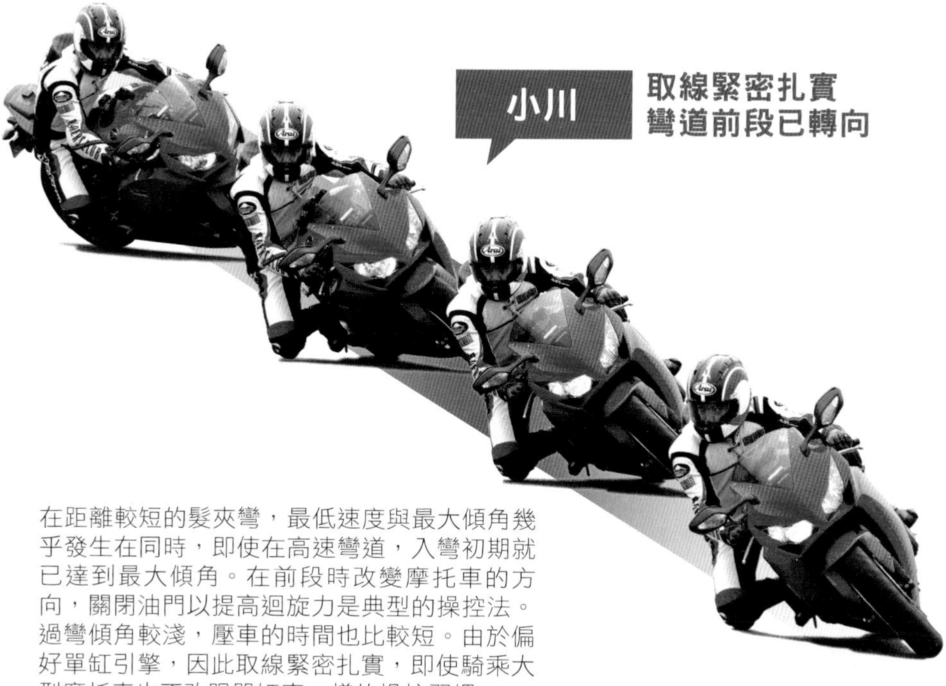

在距離較短的髮夾彎，最低速度與最大傾角幾乎發生在同時，即使在高速彎道，入彎初期就已達到最大傾角。在前段時改變摩托車的方向，關閉油門以提高迴旋力是典型的操控法。過彎傾角較淺，壓車的時間也比較短。由於偏好單缸引擎，因此取線緊密扎實，即使騎乘大型摩托車也不改跟單缸車一樣的操控習慣。

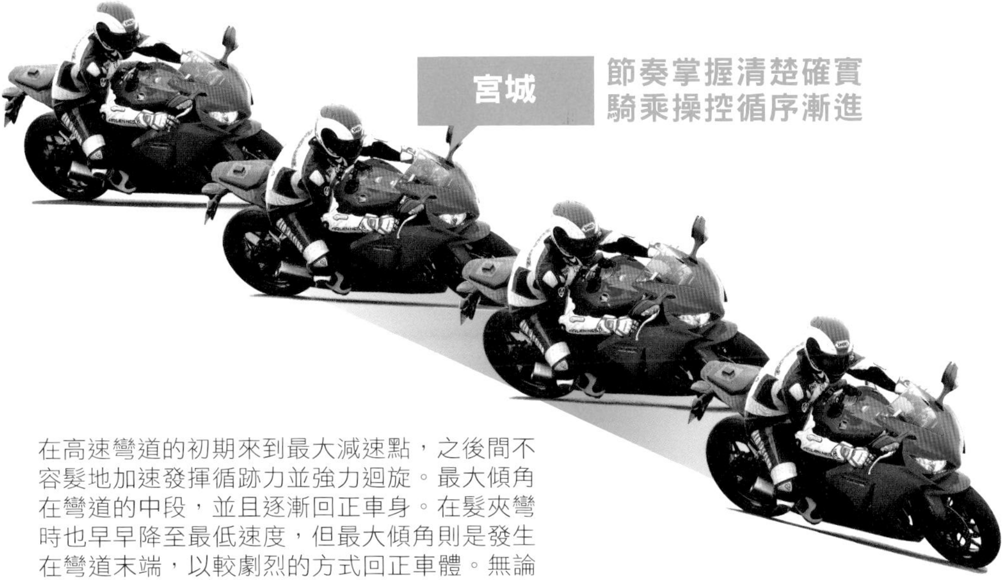

宮城

節奏掌握清楚確實 騎乘操控循序漸進

在高速彎道的初期來到最大減速點，之後間不容髮地加速發揮循跡力並強力迴旋。最大傾角在彎道的中段，並且逐漸回正車身。在髮夾彎時也早早降至最低速度，但最大傾角則是發生在彎道末端，以較劇烈的方式回正車體。無論是何種彎道，進彎前的速度都非常快，但在到了入彎點時速度都可以確實降低。這也說明了宮城減速率之大、節奏掌握之明快，能夠享受摩托車性能並且樂在其中，讓人刮目相看。

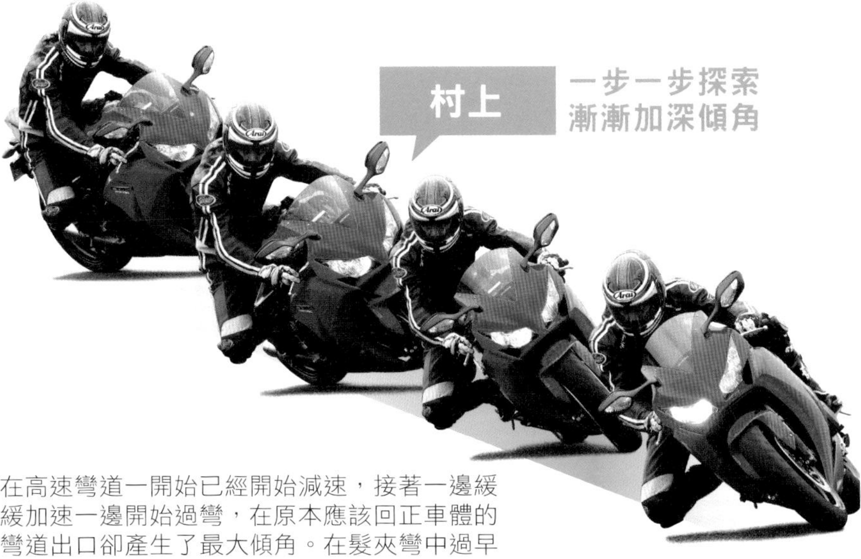

村上

一步一步探索 漸漸加深傾角

在高速彎道一開始已經開始減速，接著一邊緩緩加速一邊開始過彎，在原本應該回正車體的彎道出口卻產生了最大傾角。在髮夾彎中過早降至最低速度，最大過彎傾角落在彎道出口附近。無論哪一種彎道一邊加速一邊過彎，並且緩緩加深傾角。這是在「加深傾角」和「無法過彎」之間搖擺的最佳證據。如果操控方式不改，發生轉倒或者摔出彎道的危險性相當大。

Special Column

1985 年
最大傾角騎士圖鑑

在那個沒有高度電控設備的時代
騎士們相信自己的感覺，熱血地做出最大傾角

對賽事的熱情
提升到物理的極限

MotoGP的輪胎跟電控技術不斷進步中，其賽事象徵的傾角深淺成了重要話題。其實還有不少專業車手在過彎時不依賴電控裝置磨膝，如Stoner就是代表性的一例。

提倡電控設備的關鍵人物中本修平，也認為電控設備並沒有讓Stoner受益。換言之，Stoner那驚人的過彎傾角正表現了他對賽事的熱情。

那麼，過去的騎士又是如何在沒有電控設備的狀況下過彎的呢？以1985年WGP為例，每個級別都有相當驚人的廝殺，而且都出現了異常的超深傾角。車輛傾角的程度伴隨著車手對賽事的熱情，提升到了物理的極限。

傾角異常加深
是從什麼時候開始的！？

知名MotoGP車手Casey Stoner
出生的1985年
當時的壓車傾角
已經非常不尋常了

Ezio Gianola &Garelli

以 GP125 為主要戰場的義大利籍車手，在本賽季中跟車號 15 號的隊友 F · Gresini（現為 GP 車隊 San Carlo Honda Gresini 車隊的老闆）的激烈戰鬥中做出了不少超乎想像的傾角，讓人驚艷不已，1989 年更在日本 GP 大賽中勇奪冠軍。

Carlos Lavado & TZ250

性格陽光且騎乘風格積極的委內瑞拉籍車手，讓比賽增添不少可看度。於 1985 年以新參賽者之姿騎著工廠賽車進軍 250c.c. 的級別，總是把佛萊迪 · 史賓塞視為頭號對手，並且多次在不利的狀態下以彎道跟對手決一勝負的事蹟讓人印象深刻。

Christian Sarron & YZR 500

1984 年奪下 GP250 冠軍，並於 1985 年正式進軍 GP500 的法國籍車手。過彎時腰部幾乎不側掛，屬於典型的歐洲風格騎姿，也因此傾角特別的深。在雨天時特別能發揮速度，騎乘風格屬於流暢走向，在規避危險發生的同時卻也不忘展現積極的一面。

2011 Casey Stoner & RC212V

Stoner 堪稱當時 MotoGP 最具代表性的車手。1985 年生於澳洲，15 歲時以職業車手為目標前往英國，2007 年跟 2011 年奪得 MotoGP 賽事的總冠軍。過彎做傾角的時候常常會磨膝，是傾角最深的車手之一。不太仰賴電控設備的事情廣為人知。

Ron Haslam & NS500

英國籍車手，起步時衝得相當快，被人稱為「Rocket Ron」。素白色的安全帽搭配個人姓名的英文貼紙，加上極深的傾角，總是在賽場上吸引不少目光。

不過度仰賴傾角
也可以逼出車輛的過彎力

輪胎若沒有充份發揮功用
在深傾角狀態下容易增加摔車風險
重點在於確實壓胎
淺淺的傾角也能引出車輛的過彎力

一邊感覺輪胎的抓地力，一邊利用煞車跟油門來調整前後負重的平衡！

Point 1

持續壓前後輪胎 引出輪胎抓地力

重點在於壓胎 確實發揮抓地力

雖說摩托車不傾斜過不了彎，但越深的傾角並不等於車輛的過彎力道越強，主要重點還是在於充份發揮前後兩個輪胎的過彎力。

如果輪胎抓地力不足，淺淺的傾角也會存在滑胎的危險。讓輪胎產生抓地力的重點在於確實壓胎，而這必須仰賴油門、煞車的操控以及騎士的身體，而且負重的平衡常需要控制得極好，達成上述條件才有可能隨心所欲地過彎。

充分運用車上的配備以及自己的身體來操控車輛，可說是騎乘摩托車最大的樂趣。

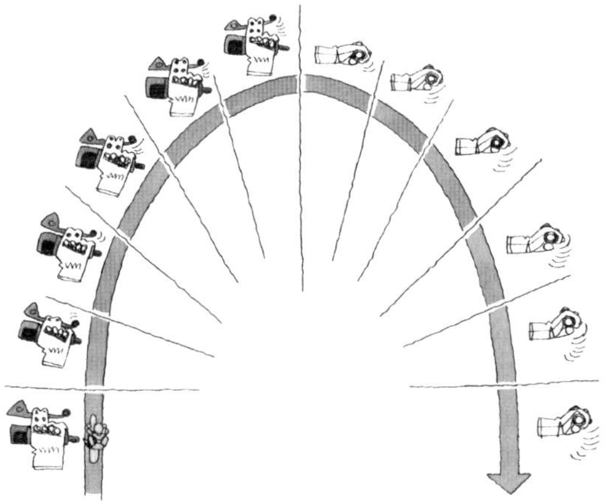

前輪在煞車時，會被煞車力道往地面擠壓並且變形，隨著車速下降可慢慢減少煞車力量以維持適當負重。出彎時的操控跟減速時相反，應該催油並且增加後輪負重以達到輪胎變形的目的。

Point 2

一邊移動身體 一邊確保負重

1 減速時立起身體以保持平衡

煞車開始的同時立起上半身，身體往內側移動，雖然前輪負重會隨著煞車的觸發而增加，但腰部往內側移動時也請注意避免負重從後輪跑掉。

② 轉向時務必保持前輪負重

當重心往彎道內側移動的同時，雖然煞車釋放減少了前輪負重，但仍可藉著讓身體往斜前方移動的方式來讓重心往前方靠攏。當車輛開始迴旋後，身體重心可移往前後輪中間，也就是靠近車身正下方處。

3 出彎時上半身趴低 增加前輪負重

在車輛迴旋階段後半、準備出彎的過程中，可藉著催油來增加後輪負重，同時伏低上半身增加前輪負重，但別因此忘了對坐墊的負重喔！

4 直線路段請坐在坐墊後方

直線路段加速時，請收小腹讓體重穩穩加載於後輪，同時伏低上半身，以增加對前輪的負重與抓地力。

Point 3

對後輪胎施加壓力 有助於大幅增加過彎性能！

輪胎邊緣是過彎圓周最小的部份，使用這部份可增加輪胎的內向性，也就是說迴轉半徑越小，過彎力道越強。

確實對後輪負重 才能提升過彎性能

使用輪胎中央的接地面雖然一樣可以過彎，但是卻無法發揮完整的性能，如果想要吃滿胎、磨到輪胎邊緣，沒有確實對後輪負重的話，就只能持續加深壓車傾角才有機會，這樣一來就算做到也很容易產生轉倒的危險。

不過假如是採用正確對後輪負重的騎乘方式，就算用極淺的傾角也一樣可以對輪胎施加壓力，擠壓輪胎增加接地面積，達到吃滿胎的效果，除了能夠引導出強大的迴旋力，增加過彎性能，讓出彎更加敏銳之外，還有助於提升安全性，增加騎士操控的自信，享受過彎的醍醐味，可以說是好處多多。

就算傾角相同，只要壓胎就能讓過彎力道變強，即使傾角不深也能享受強大的過彎能力！

做好正確的騎乘姿勢 別妨礙自然轉向機制

Point 4

×
○
避免對龍頭施力是騎乘的基本，另外握握把時也請務必放鬆手臂。

腋下緊閉，加上手肘打直推車把，會阻礙前輪的動作。

手肘自然張開，肩膀與手腕放鬆，就像抱著一個超大雞蛋一樣。

上半身放鬆手臂微彎 避免妨礙自動轉向機制

騎乘摩托車的時候要是讓手臂去推動龍頭，會阻礙前輪與生俱來的自動轉向機制，並且降低過彎性能，這也是為什麼本誌每次念茲在茲地提醒：「放鬆上半身的力量，避免手臂伸直推擠龍頭」的主要原因。

所以，騎乘時雙手要微微彎曲，擺出彷彿小心抱著一個大雞蛋的姿勢，同時還必須要利用車身來牢牢穩住下半身。注意過度施力讓膝蓋夾緊油箱反而會讓臀部上浮，失去後輪負重，這樣就矯枉過正了。另外握住龍頭的時候請以小指和無名指從外側捲上去的方式扣住握把，這樣對於擺出過彎姿勢很有效果。

Point 5

花點心思調校出作動靈敏的懸吊系統

清楚感覺到避震器作動的感覺

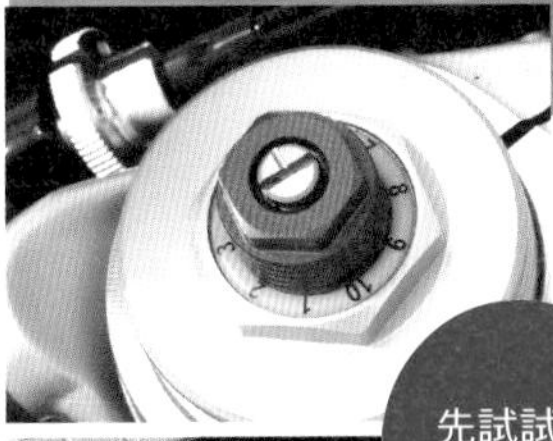

先試試看調弱的感覺

配合體重調整預載 然後試著調弱阻尼

新車的原廠設定是以高速雙人承載為前提，所以基本上懸吊表現會偏硬。設定懸吊的第一要點就是配合自己的體格以便重新設定彈簧預載（空車狀態下乘車時以車身下沉約25mm為佳），接下來就可以試著調整阻尼。假如覺得操控性直接、輪胎的抓地力增強，那就表示設定良好。在調校時不妨多多嘗試。

進彎前事先預想並且照此方向進行

當車輛進彎後才開始設定切入點、傾角深度就太遲了在看到下個彎道的瞬間就要馬上構築正確的攻彎計畫並且以一連串的動作與此結合

依照自己的能耐訂立合理的計畫

　當來到彎道入口時，如果放任摩托車隨意進彎的話，會產生轉倒或衝出道路的風險。若要降低風險，獲得攻彎的充實感，就必須在進彎前確實擬訂計畫，根據預想的情況操控摩托車。

　那麼，該如何訂定過彎計畫呢？首先必須正確了解自己的能力與車輛的性能，一旦超越可以掌控的範圍，無論立下多麼綿密的過彎計劃，都是無法實現的。

　況且騎乘時還得按照路面資訊及車輛狀況等，盡可能收集大量情報，例如該減速多少、在哪邊過彎……等等，才能制定完整計劃。

SHOEI
SHOEI
F4
F4

基礎篇

Point 1

了解自己的技術與車輛的性能

了解愛車狀態 掌握操作回饋

在操縱自己的愛車上，能夠確實理解可以操控到何種地步嗎？還是放任車子去衝刺，憑著一股氣勢騎車？如果是在壓抑著不安的心境下還用極深的傾角過彎，只是有勇無謀的匹夫罷了。拼命騎車不僅無法使自己的騎乘技巧有所進步，還會增加事故風險，這跟靠運氣騎車的作法並無二異。

是否可以確實控制速度？

是否能在任何速度域都能確實操控？若非如此，光憑氣魄殺進彎道無疑是自殺行為

能夠承載多少體重在車上？

壓車時控制車身姿勢，並且掌握身體能
控制多少負重這點相當重要

自己的操控會帶來什樣的車身反應？

在操作煞車與油門的過程中，摩托車究竟會產生什麼樣的反應？對於這些動態，應多多了解，才有辦法在操駕時從容應對，不會慌了手腳

路面狀況與天候

除了要注意彎道狀況，路面上是否有沙子或積水，以及風勢強弱等都很重要

實踐篇

Point 2

在可能的範圍內儘量收集情報

情報越多，
越能夠提早應對，
這也是安全騎乘的
上上之策！

許多外在因素都會影響騎士的操控

在訂定過彎計畫的時候，只光思考需要使用的過彎技巧是不夠的。像是路面狀況、氣候好壞、溫度及當天的煞車手感等外在因素，以及車輛狀態等情報都要儘可能收集。

假設之前下過雨，路面偏滑的話，那麼過彎傾角就要設計的淺一點，如果在山路上騎乘的話，還要小心過彎的取線上是否會有落石、落葉、水漬等導致打滑的東西存在。

還有就是在一般道路上騎乘時，請儘可能地注意對向來車跟周遭環境，才能及早發現危險，增加行車安全，享受操控摩托車的醍醐味。

時時確認車速及轉速

騎乘時太過專心，反而容易對車速疏忽，無法掌握當下的車速……。

檢查煞車的功效與手感

檢查是否能正常減速、手感是否良好，正確掌握當天車輛的狀況。

收集接地感跟路感等情報

收集路面靜摩擦力情報、確認輪胎是否暖胎，畢竟路面狀況是瞬息萬變的。

進階篇

Point 3

儘快訂定計畫 就能提高過彎精確度

藉由判斷狀況跟訂定計畫，可以盡早習慣路況劇烈的變化，還能承受過彎時的近戰。

彎道會在一瞬間逼近騎士

舉例來說，當時速40km/h的時候，可以在一秒內向前行駛11m，如果花太多時間在思考哪邊該減速、又要用多少制動力，哪邊開始是切入進彎的地點，又該用著多角角度的傾角、取線方式等各種過彎計畫的時候，彎道已經漸漸逼近。

假如這時還沒有擬定計劃就進彎，到最後只好完全交給車子去處理了。這樣就叫做隨波逐流的操駕方式。

反過來說，假如越早訂定縝密的過彎計劃，不只過彎的步調能夠掌握，而且無論碰到哪種彎道都能積極攻略，這才是聰明的騎乘方法。

專業騎士的過彎技巧，跟一般人並無二致，不過動作進行的時間點跟精確度層次會比較高。

過彎時力求
動作流暢不中斷

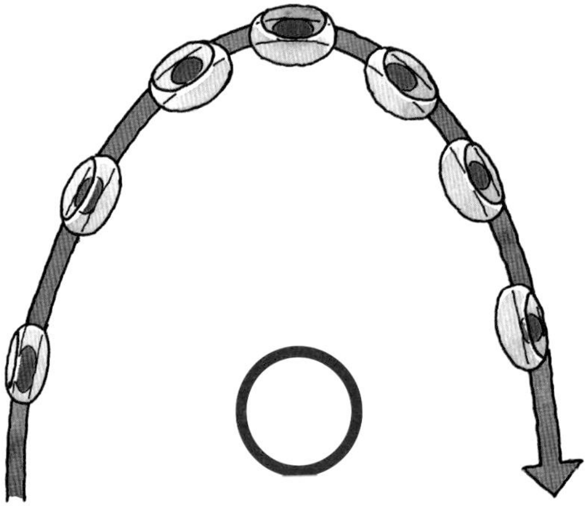

在一連串動作中
持續對車輛施加負重

到達過彎頂點時，避免讓車輛減速跟傾角等動作分離，並讓負重維持在車身上。減速開始到加速結束基本上大致類似拋物線的概念

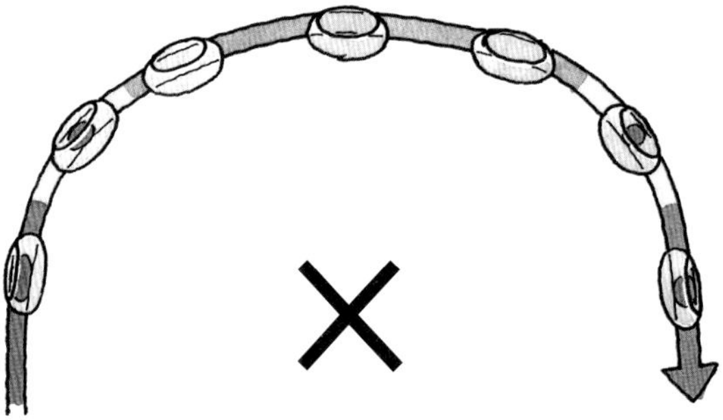

動作雜亂無章
負重自然跑掉

假如過彎時過於重視線位，將減速、車輛傾斜及迴旋等步驟分離，將會降低騎士對於前後兩輪的負重感受，結果當然就是過彎力道不足了

平順流暢地操控
才是操駕最重要的事情

擬訂過彎計畫雖然重要，但是過與不及都不太好，所以我們也不建議太過重視過彎線位、堅持在什麼點做什麼動作。

過彎時重點在於維持車輛強力過彎的狀態，而非死守動作跟操作的流程。重點在流暢地連貫減速、進彎、迴旋、出彎四大流程，減速重點可以參考拋物線的過程（物體上拋至最高點時就是最大減速點，上拋過程為減速，下降為加速），過彎時請保持流暢，並且讓各動作連結起來持續對前後輪施以負重，才能避免重量從輪胎上離開，降低抓地力，減弱摩托車與生俱來的過彎性能。

Column

視線放在彎道前端

訂定過彎計劃後，「進彎點」的選擇就顯得很重要了。雖說如此，第一次接觸的山路跟盲彎又該怎麼做呢？其實這時重點在於先訂定暫時的過彎點，然後照著計畫騎乘，假如覺得太過困難，可以變更一下進彎點。

正面朝向彎道
並確認彎道狀況

狀況尚不明朗，以彎道外側的正面（★處）為暫定進彎點，一邊減速一邊前進

越靠近彎道
視野越寬廣

隨著進入彎道，視線也隨之開拓，不過這時還看不到出口，繼續減速並往★處直行

開始過彎後
將進彎點改到更深處

在接近暫定進彎點☆時，還是看不到彎道出口，所以請把進彎點往後移至★

向著彎道出口
大手油門出彎

看見彎道出口後，在進彎點★處轉向，接著朝著出口進行迴旋→出彎的動作

騎乘時視線勿盯近處
應盡量放遠收集情報

無法確切掌握車輛時，視線容易拉近到前輪前方數公尺處，如此一來會大量減少路況情報接收量，原本應該注意的情報卻可能會錯過。這時請務必讓視線放遠，而且切勿讓視線凝視於一點，而要儘量觀察前方全體視野。

確定轉向點之後 就按照計畫在預設位置進彎

在過彎計畫中，進彎速度跟取線方式等要素至為關鍵
必須設定好在哪個位置轉向，由於確切轉向相當重要
所以車輛進到過彎頂點時
精準度高的煞車釋放技巧就顯得相當重要了

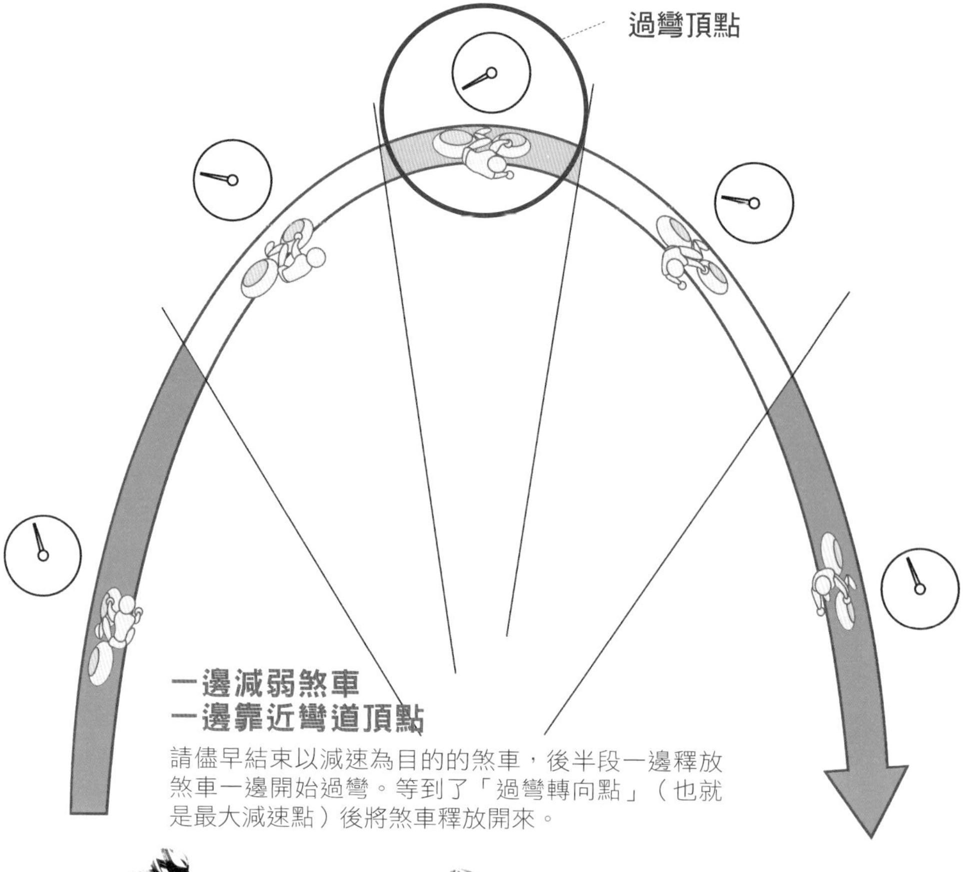

一邊減弱煞車
一邊靠近彎道頂點

請儘早結束以減速為目的的煞車，後半段一邊釋放煞車一邊開始過彎。等到了「過彎轉向點」（也就是最大減速點）後將煞車釋放開來。

兩指操控煞車拉桿提高精準度

不少騎士認為煞車就是要「用力按下」，但其實釋放煞車是很要求高精確度的，因此建議使用兩根手指來操控煞車。首先以小拇指跟無名指以順次捲繞的方式握住車把（類似網球拍跟高爾夫球桿的握持方式），拉桿設定在自己習慣的位置會比較好控制。

為了過彎進行的煞車，基本上以方便釋放拉桿的兩根手指操控

高速複合彎道等狀況下要控制車身時，用一根手指頭輕按就夠了

高速域大手煞車時也會用到 4 根手指頭，但可別握得太過頭了

彎頂是最大減速點也是過彎轉向點

過彎時留點煞車，接著將車身傾斜後開始進彎。當然車輛的速度要稍微降低，接著在速度跟離心力取得平衡的狀態下，車速降到最低的瞬間，就可以讓車輛過彎力發揮到最強。

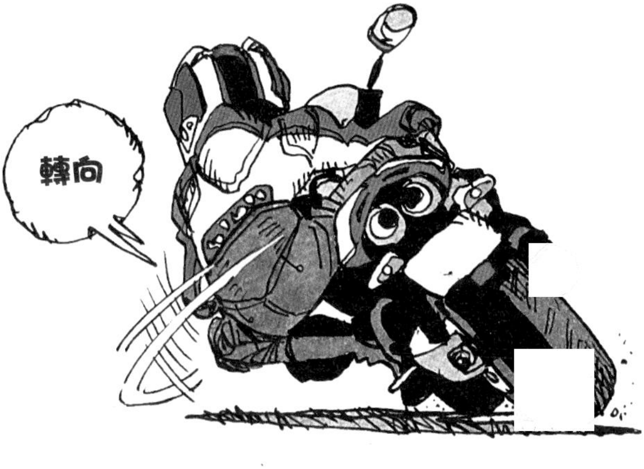

其實釋放煞車的時機才是關鍵之處

訂定過彎計畫的重點在於「要在彎道何處展現出最強大的過彎力道」。這也是為什麼過彎時操控與動作都要隨著重點進行的理由。

此外，最強大的過彎力道指的是當車輛處於傾斜狀態時，車身藉著離心力平衡車身且車速降到最低的瞬間，這個瞬間又稱為「過彎頂點」。「過彎頂點」的設定位置會依照騎士的喜好跟技巧而有所差異，因此重點在於讓車輛靠近過彎頂點的方法。

當完成減速目的的煞車後，接下來就留一點「過彎用的煞車」，配合降低的車速平順地釋放煞車吧。

串起車友的年輕記憶

可別以為1980年代只有流行騎著仿賽車攻略各地的山路，其實當時還有RV派、女性騎士等，各種不同的多元騎士文化並行存在。對於當時的年輕人而言，騎車似乎是一件理所當然的事。

當時的電視廣告常常可見最新款摩托車的蹤影，以摩托車為主題的小說、電影、漫畫等也都很常見。甚至某些職業車手的人氣跟偶像明星一樣高，電視、廣播、流行雜誌等各大媒體都能常常看到這些職業車手（本刊的超級顧問宮城光也曾是其中一員！）。

當時的鈴鹿八耐大賽每年都聚集了超過15萬以上的車迷。另一方面，在夏天有一群高達數萬人、稱為「蜜蜂族」的騎士，會隨著渡輪或運送摩托車專用列車前往北海道，享受美麗的夏天。

不過這些特殊的景致，並不限於鈴鹿八耐及北海道。市區的家庭式連鎖餐廳也常常能夠看到一堆穿著皮衣的騎士，一邊喝著冰咖啡一邊閒聊。這樣的光景也許令人難以置信，不過在80年代可是相當常見。當時的青少年普遍抱有「騎了車就會變帥」的幻想（？），騎車的人數不僅增加，連皮衣這種保護安全的配備也變成了最前衛的流行配件。

在1980年代這個摩托車熱潮中，Yamaha首先開了二行程車款復活的第一槍，在1980年推出RZ250。緊接著Honda在1982年推出競爭對手

1980年代中後期，眾多車迷聚集在鈴鹿8耐的賽事現場，譜寫着屬於他們的炎夏之詩

一催油，膨脹室馬上噴出白煙的2行程仿賽車。這樣的經典畫面現在已經不常見到

VT250，而 Suzuki 於 1983 年推出的 RG 250，更衍生出「仿賽車」這個全新名詞。

當時全日本的山路跟賽道，充斥著想要成為職業車手的年輕人，他們不分平日假日，日以繼夜地相互競馳於道路上。

而「最大傾角」這個字眼更像是讓他們走火入魔的咒文。以傾角深淺當做騎乘技巧高超的證明，這樣的想法從何時開始已經不可考。用現代話語來說，「最大傾角」其實就是「傾角一拜」的意思，把詞彙換得比較現代一點也許難以感受當時強烈的氛圍。

不同於騎士年齡層逐漸提高、安全意識也日趨成熟的今日，當時騎摩托車多被視為不要命的行為，而一般騎士騎乘技巧的基本功也只是靠著「魄力」與「勇氣」而已⋯⋯。當時多數年輕人憑藉著電視與雜誌上看到的 GP 車手的華麗騎姿，就依樣畫葫蘆地挑戰「最大傾角」那個未知的領域了。

回過頭來看看當時，雖然可以說是青春無敵，但危險的行為現在回想起來確也讓人捏了一把冷汗。不過同時有這麼多年輕人懷抱夢想去騎車，真的是個最好也最壞的熱血時代。

幾十年後的今天，原本滿街跑的二行程仿賽幾乎絕跡，不過一聽到「最大傾角」四個字，不禁精神為之一振，那個熱血的時代又再次湧上心頭。

令人憧憬的最大傾角

1980年代的摩托車熱潮
被稱為「仿賽時代」
那是個許多年輕人嚮往最大傾角
並且懷抱夢想向前衝的時代⋯⋯

當時有許多以「主角騎著摩托車」為主題的漫畫，只要騎得快就能當職業車手⋯⋯當時的年輕人真的認為這個夢會實現

宮城光的騎乘技巧精準解析

16歲開始騎摩托車，經過多場國內外賽事歷練，退役後依舊不忘摩托車「絕對不摔車」的強烈信念讓他追求的不光是速度而已因為喜愛騎車的這份心，他認為騎車就是要騎得開心、安全且長久宮城光長年累積的「騎乘技巧」毫不保留大公開！

以上半身來控制車身前後荷重

無論上坡還是下坡，加速還是減速等各式各樣的場合，順應路況調整前後輪的荷重平衡就可營造出優雅的騎乘。

騎摩托車就是要享受「避震器的動作」

刻劃出騎乘節奏感的一大要素便是避震器的動作行程，想安全的享受騎乘樂趣，那麼試著感受避震器的動作吧！

隨時想像著下一個動作

製造騎車的節奏，每一個操作精準到位，增加操控精準度等等都是騎車的樂趣，而騎車也是一種要設想先機的運動。

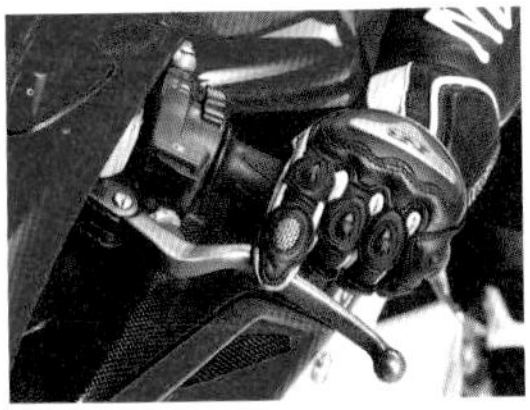

盡量用小指開始握持車把外側

騎乘方式會因為車把握法的不同而有所改變，使用方便進行微操控的握法雙手自然就能放輕鬆了。

手指無論何時都要放在拉桿上

基本上騎車沒有什麼「僥倖」這種事情，無論任何狀況都要能夠瞬間應對，手指常時放置在拉桿上可快速對應各種突發狀況。因為這個習慣不知道被救過多少次了。

不要嫌麻煩換檔要頻繁

頻繁的換檔主要是為了騎乘節奏的營造，跟馬力以及車速沒有什麼太大的關係，過彎前務必退檔！

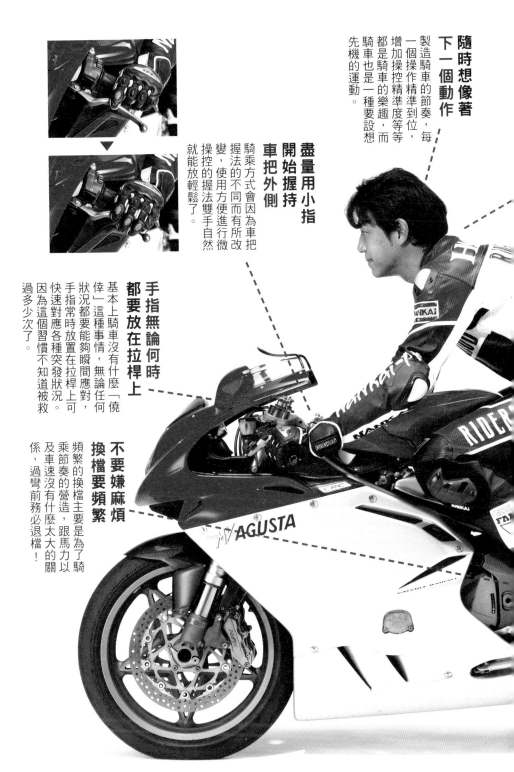

車上的配備不都用一下就太浪費啦！

多加思考、時時感受一切狀況操作摩托車

從頭頂到腳底，從騎乘姿勢到細微的配置都要思慮周詳預測接下來會發生的路況、設想下一步該怎麼做，並且有節奏性的操控車輛是騎車的必要條件為了安全跟享受騎乘樂趣，運用全身所有部位來操縱摩托車吧！

騎車前務必調整拉桿位置

煞車跟離合器操作絕對不能當做電燈開關一樣只有「開跟關」的功能騎車前務必調整一下以便進行細微的操控

山路殺彎時享受馬力不如享受扭力

在山路殺彎時控制引擎轉速跟油門開合是攻略未知山路跟享受出彎快感的樂趣所在

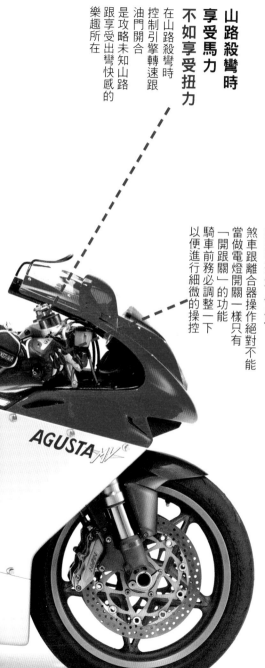

利用下半身穩住車身

穩住車輛的重點在於腰部跟雙腳共三點
下半身沒有好好穩住車身反而會造成手腕對龍頭出力

活用坐墊後擋
仿賽車本身就有後擋可用

街車則可以利用後座的階段當做後擋使用
有效使用後擋可幫助身體穩住車身

設計有後擋的車款就要善加利用，有得用就不要客氣！

腳弓處要置於踏板上

假如無法瞬時操控踏板的話
那麼便做不到戰鬥的騎乘或是緊急迴避危險
不少騎士騎車時都是將腳尖放在踏桿上
事實上腳弓放在踏桿上比較安全

視線看著
想要行進的方向

騎車用眼睛看是理所當然
但也別忘了將頭部轉向行進方向
眼睛看到哪車子就騎到哪

手臂的姿態
就像是抱著一個巨大的雞蛋

騎車的基本就是手要放輕鬆
不對車把出力
一旦手臂打直的話
車輛操作就無法隨心所欲了

離合器要
壓得快回得順

換檔時的離合器操作
務必快速且細膩
一旦操控不順
可是會破壞騎乘節奏的

確實補油後
再降檔

降檔時先補個油門
以彌補因為降檔
所引發的引擎轉速差
熟練後騎乘樂趣倍增

感受前輪的
接地感

無論是煞車還是進彎時
如果前輪的接地感不足
會令人不安又感受不到樂趣

先踩後煞車再按前煞車

煞車要先從踩後煞車開始操作
這跟煞車的強弱沒有關係
就算輪胎還沒暖起來
也可以安心操作

上半身要有點挺起來的感覺

趴車身的動作只有在賽道才這麼做
一般道路騎乘時將身體稍微挺起
比較能夠感受到車輛的細微動作
以及周遭的動態

實際胎壓要比原廠指定胎壓再少一點

原廠指定胎壓會比較高一點
當然胎壓也不能過低
假若胎壓設定能夠配合騎乘目的
以及當下路況的話
騎乘樂趣將加倍提升

即便腰部滑移出去頭部也要留在車身中軸線上

頭部的位置在過彎中相當重要
像賽車手那樣地將頭部移至內側雖然很帥
萬一有突發狀況時卻無法及時應對

腳掌無時無刻都要放在踏板上

後煞車可控制車身動態
所以腳掌無時無刻都要
放在踏板上隨時做好準備

瞭解「宮城流騎法」的真髓
就可以馬上實際操駕體驗宮城光操駕技巧的威力

經驗豐富的宮城光
已經有了自己的操駕方式
所以平時騎車時
都會意識到「宮城流騎法」
究竟這「宮城流騎法」是什麼意思呢？

SPEC 1

騎車就是享受操控機械的樂趣，油門、換檔、煞車等，操控所有裝置，如何頻繁地使用，我一直認為這就是樂趣的原點。所以說熟悉這些操控方法，以及提升操控的精準度都是樂趣所在。另外跟隨騎乘節奏，以及時常思考接下來的動作，如此集中全身全心的狀態讓我認為騎車是一種運動。如果讓人感到恐懼就是車速過快最好的證據，正因為車速會快到無法掌握車輛，所以安全快樂的騎車遠比速度來的重要。自我管理避免騎車時超越自我能力範圍。

宮城光安全騎乘的秘訣

「車輛所有的配備都要善加利用提升每個部位的操作精準度時常思考下個動作對我來說這才是安全快樂騎乘的秘訣」

SPEC 2

退檔補油是有趣的操控

退檔補油要用愉快的節奏去建構

為了製造騎乘的節奏，需要經常換檔。尤其是退檔時的動作，更是富含操駕的樂趣，在離合器放開的瞬間小幅度地轉動油門，讓引擎空轉配合轉速，只要手腕一動就能做出節奏感，產生一股一切操之在手的快意，同時讓引擎所產生的循跡力配合過彎時機，加強過彎性能，提升攻略彎道的醍醐味也能讓人感受過彎樂趣。

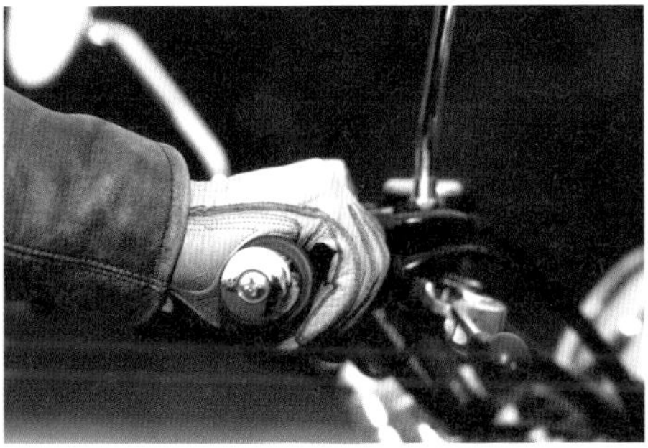

SPEC 3

比起馬力 享受扭力 才是山路騎乘的秘訣

在山路上扭力比馬力重要

常用引擎轉速約為5000rpm~6000rpm，但在山路中享受彎道樂趣就不太到高轉速域，若想營造出良好的騎乘節奏性，那麼就要靠油門開合的方式將引擎轉速保持在好用的區域。此外，出彎加速時幫助輪胎一邊旋轉一邊還能保有穩定抓地力的正是能發揮扭力的中轉速區，這一段轉速區相當有意思，不僅可安心的大開油門，還能充分享受騎乘樂趣，所以說在山路上扭力比馬力重要。

SPEC 4

以上半身的上下移動
來調整車身前後配重

下坡時 上半身稍微挺起 增加後輪負重 上坡時則要前傾一點

上下移動上半身可改變車身前後的配重。例如在上下坡道的時候。上坡時，重量和加速的關係，負重偏移到後輪上，這時上半身可以稍微前傾，增加前輪負重，在下坡時因為重量轉移到前輪的關係，則可以稍微挺起上半身來彌補後輪流失的荷重。藉此讓車身的前後負重比例更加平均，讓車身在行駛時的時候穩定，除了有助於提升操控性之外，也能增加騎乘時的安全性。

享受車身起伏的樂趣

假如可以一面感覺到車身上下起伏並確實掌握這個節奏的話就可以算是有經驗的高手了

SPEC 5

煞車時車身往前方下沉，加速時車頭又往上浮舉，車身上下起伏正是車輛行駛的正常現象，其實騎乘時切勿去違逆車身起伏的動作，應該多嘗試各式各樣的操駕手法……對於車輛的種種動態不要當作是被動的接受，想像是自己的意思在操控車輛，並且長久與車輛維持這樣的關係是很重要的。例如騎馬也是讓馬感到節奏來騎的，其實騎車時有這樣的觀念就能享受騎乘樂趣了。

胎壓是可以變換的

胎壓可以調成山路設定或是雙載設定等依當時騎乘目的來進行細微的調整

原廠指定胎壓由於考量到商業目的，因此原始設定的是最高胎壓，也就是不能比這個更高了。當然車子放著放著胎壓自然會降低，而胎壓太低可說是很危險的。所以說經常使用胎壓計確認胎壓狀況，並且配合騎乘目的進行調整是基本動作。例如單人跑賽道的時候，喜歡享受過彎感覺的我通常都將胎壓設定在 2.2 公斤上下，其實胎壓調整的比原廠要來的小一點比較能發揮出輪胎公司所主打的性能，如果是旅遊及行走山路為主的話，那麼胎壓調整到比原廠設定稍微少一點比較能夠感覺到抓地感，車身也比較容易傾倒。所以說建議各位多多嘗試別怕麻煩，以找出適合自己的胎壓值。不過胎壓太低也是不行的，因為胎壓太低會使得輪胎過度凹陷，並且增加輪胎與地面接觸的面積，當接地面積壓力不平均是會損害到穩定性的，2 公斤附近的胎壓我認為已經是胎壓的底線了，不過假如是要雙載或是車上滿載行李的話，那麼使用原廠建議值比較安全。

SPEC 6

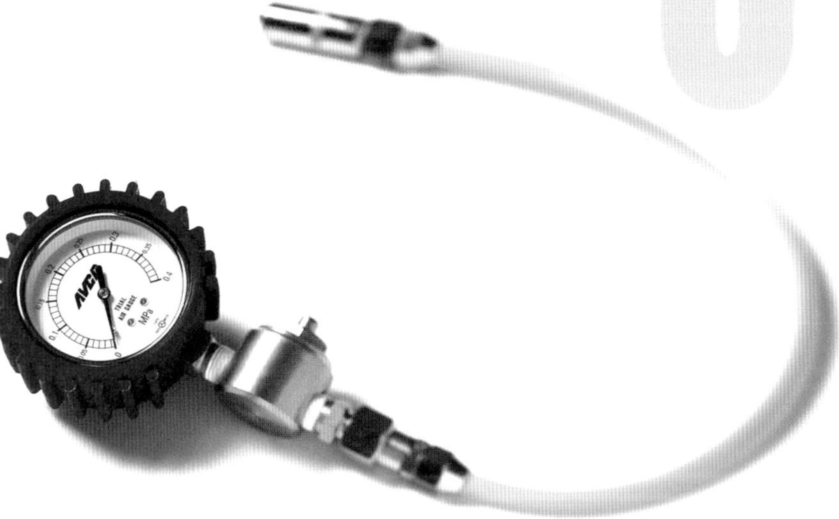

換檔要頻繁

換檔時需要力求細膩且穩定地操控方式才能藉此打造出屬於自己的騎乘的節奏享受操駕樂趣

SPEC 7

就引擎馬力輸出這點來看，有時即便 3 檔就夠用了，但不需拉高轉速也快速從 2 檔→ 3 檔→ 4 檔→ 5 檔轉換，其實這樣的操作就是為了創造騎乘的節奏。前述提到的快速升檔狀況也可反過來應用在進彎減速時，例如原本檔位都維持在 5 檔，到進彎前 5 檔→ 4 檔→ 3 檔這樣退檔，隨著退檔動作的節奏準備過彎。

小指做為龍頭的支點 讓手臂更柔軟

用手的外側握住龍頭

大多數人握住龍頭不是用整隻手平握的方式，要不就是以手掌的虎口為主，其實這樣握很容易造成手臂打直，反而妨礙車輛的操作。而且虎口長時間被握把壓迫，血液循環不良，也是導致手部痠麻的主因，建議握龍頭的時候要想像抱著巨大雞蛋的感覺，讓小指和無名指等手掌外側來當作支點，這樣在操控上可讓手臂更具彈性，煞車跟離合器的操作也可以更輕鬆、更細膩。

SPEC 8

有些車輛的原廠避震器並非最佳設定

可以試著先把避震器放軟脫離原廠過硬的設定才有助於產生騎乘節奏

避震器出廠設定值基本上並不是以「容易操駕」這個點為優先設定考量，其實也不是說故意調成不好騎的設定，例如說身材碩大的歐美騎士雙載的情況下，又要以超高速在高速公路上騎乘，為了避免在較大的彎道中搖晃，所以必須將避震器阻尼衰減力設定得比較弱一點，不過偏硬的避震器設定在單人騎乘的情況下其實作動並不明顯，不僅路感不清晰，抓地力也很薄弱，車身傾倒不夠靈敏，這樣的狀態是難以享受過彎樂趣的。所以說單人騎車時，建議先把避震器調軟，讓避震器處於反應靈敏的狀態。不過前述情況其實也有例外，像是本田的 CBR1000RR 跟 CBR600RR 日本國內仕樣的原廠避震器就是反應靈敏取向的設定。

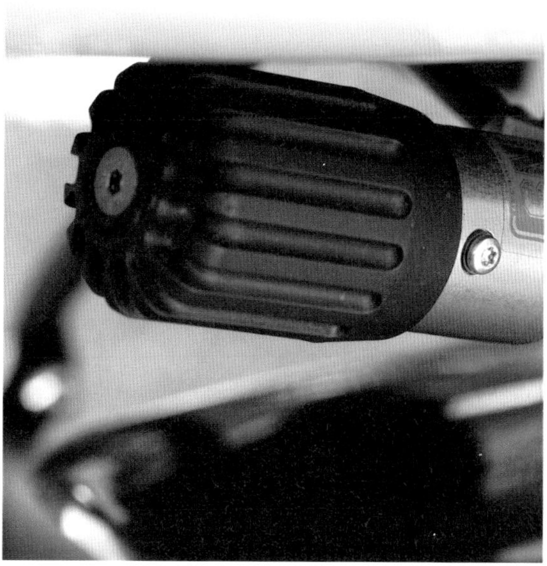

SPEC 9

面對陌生道路的騎乘攻略法

面對陌生道路時 預想一下前方路況 騎起車來比較愉快 在熟悉的道路中 來回殺彎 只會增加出事的風險

我個人認為騎乘就是要在陌生的道路才有意思，準備過彎、找尋進彎點的同時對眼前的彎道狀況進行預測等等的應對進退可說是相當有趣。當然這樣的樂趣跟可以享受極限的賽道是不同次元的，正因感到危險的當下，自然車速就不容易過快。在陌生的山路中騎乘的樂趣來源並非車速跟傾角，而是在接踵而至的新狀況中以有條不紊的方式去應對，騎乘的樂趣正來自於這樣的充實感覺。面對各種狀況的當下又必須有條理地去面對，還得在瞬間組合好騎乘的節奏，就是這樣的樂趣讓人樂此不疲。

SPEC 10

注意腳尖與膝蓋

穩住車身的時候腳尖跟膝蓋需面向前方

SPEC 11

當遭遇車輛搖晃或是其他特殊狀況時，切勿讓雙手去壓龍頭，應該用下半身夾住車身，腳尖跟膝蓋需面向前方，假如騎乘的是坐墊上設計有後檔的車款，那麼就可以利用雙腳以及臀部三個支點來用力穩住車身。

避震器按照自己的喜好來調整

避震器的調整必須以自己好騎為目的不要想得太難，多做嘗試

SPEC 12

建議一開始先試騎看將原廠避震器阻尼調到最軟的感覺，基本上阻尼調到最軟的狀況下，阻尼衰減力也不會到「0」，所以不需要擔心。此時感覺車身前後起伏狀況太大的話，就漸漸向上調硬，如果懸吊調太硬了的話，會覺得車身傾角不好做、過彎太過駑鈍或是輪胎抓地力稀薄，基本上以上各種狀況跟個人騎乘習慣有關，沒有最好的設定建議。對於騎乘經驗還不是很久的新手騎士來說可能找不到一個基準，只能說要尋找一個最適合自己騎乘方式的狀態。不過建議先別去想車速的問題，應該先從容易騎乘這點開始著手，假如操駕容易，那麼不僅可打造出流暢的騎乘節奏，也能提升平均車速。所以說建議先以騎乘的平均表現為出發點來找尋適合自己的設定……這才是尋找設定的捷徑。

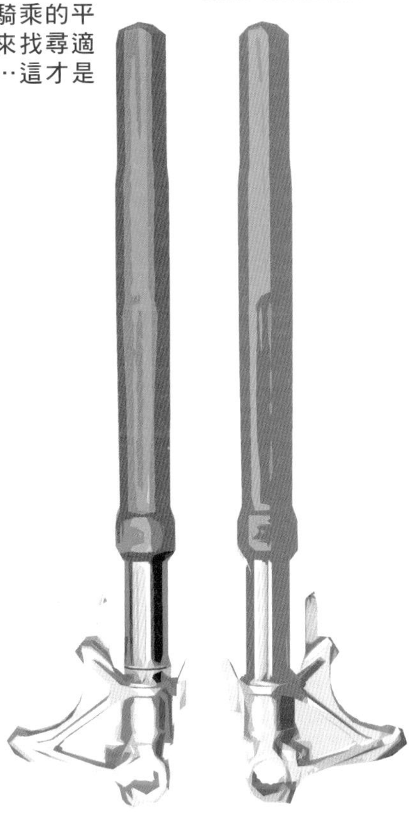

順暢地換檔

進檔與退檔時細膩地運用離合器將動作連繫順暢

SPEC 13

換檔可是掌握騎乘節奏的關鍵，無論升降檔，離合器的操作務必在極短時間內細膩地操作完成，動作不夠細膩便會不順，不順就別說什麼節奏了。常聽到一些降檔不甚拿手的騎士問題就出在退檔時沒有做補油的動作，這樣也連帶失去了不少騎乘上的樂趣。

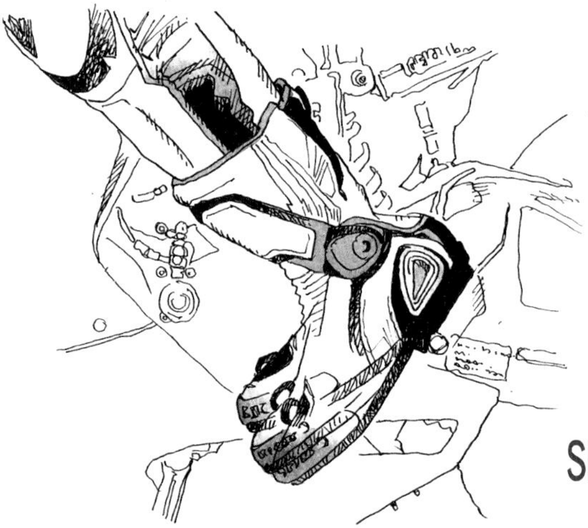

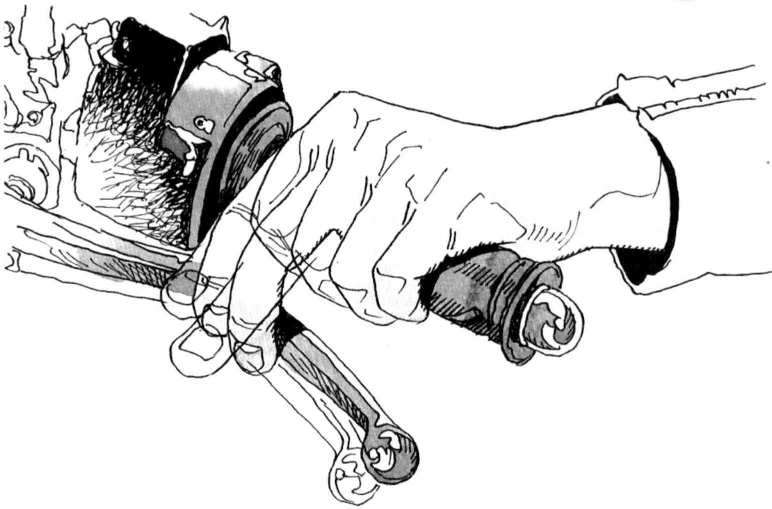

上半身要挺起來騎乘

在一般道路上騎乘時基本原則是要讓上半身直立比較好這樣一來才方便隨時調整體重

SPEC 14

一般道路上騎乘時基本上上半身是要立起來的，畢竟不是衝刺狀態，趴著不也很奇怪嗎？但完全將體重負荷在車上的話，萬一有狀況會來不及反應，所以說騎車要時常感受車輛的動態，並且依狀況調整最重要的體重承載位置。

回彈行程量要配合自身狀況來調整

每位騎士的體重都不相同 所以回彈行程的多寡 要配合自身體重進行調整 才能騎的安全又愉快

基本上少有騎士去調整避震器的彈簧預載量（避震器彈簧的預先壓縮量，基本上轉動車上的避震器彈簧預載調整器就能調整了），不過每位騎士的體重都不一樣，所以當自己跨上車輛時都會發現到車子還會再下沉一點，而這段下沉量其實就是所謂的「回彈行程」。這段「回彈行程」其實身負重責大任，例如過彎時輪胎抓地力不足滑胎時的補救效應，以及營造騎乘節奏等狀況。回彈阻尼設定量基本上看個人喜好，大致上是 1/4 或是 1/3 的下沉量，不然就是 20mm 或是 30mm 的下沉量，不過經驗老到的車手所抓的下沉量其實還滿大的。如果說跨上車踢起側柱時只下沉一點點，或是完全沒有下沉的話，可是很危險的狀態。

SPEC 15

時時刻刻準備煞車

手指隨時要放在煞車拉桿上 腳掌也要放在煞車踏板上預備

SPEC 16

所謂煞車就是要處於遇到狀況可以對應的狀態，像是平常騎車食指要放在前煞車拉桿上，這樣主要是方便指頭去操作拉桿。另外，除了腳弓要時常放在腳踏上之餘，腳掌也要時常放在煞車踏板上，所以說基本上腳掌放在腳踏上的狀況是不應該出現的。另外離合器拉桿也是要隨時將手指放在上面，主要是為了面對試車時隨時有可能發生的引擎問題才這麼做的……不過現在的車輛都很優秀，應該是沒什麼問題啦。

頭部位置要位於中軸線上

在山路上騎乘時
就算要以內傾的騎姿攻略彎道
在腰部滑移出去的時候
頭還是要留在
摩托車的中軸線上
才能隨機應變

SPEC 17

在彎道中，身體跟頭都往內側移動的話是難以處理突發狀況的，所以即便處於內傾的狀態，頭部還是要留在車身的中軸線上。另外還有一個重點就是頭要面朝向著前進的方向。

煞車操作要夠細膩

減速時先踩後煞車再扣動前煞車有助於煞車穩定性避免後輪浮舉

SPEC 18

煞車重點不在強度，為了防止失去穩定性以及避免不必要車身晃動，所以說減速時應該是先踩後煞車，再按前煞車才對。這樣一來除了增加煞車時的穩定性，避免輪胎鎖死之外，還可以避免後輪浮舉。精準、細膩的煞車手法是煞車時的必須條件。另外車輛前後上下起伏的蹺蹺板效應也是行車時所不可或缺的反應，但是太過度也不好。然而操作煞車也有取得車身平衡的目的，因此煞車的用途不只在於減速，也用來取得車身穩定。

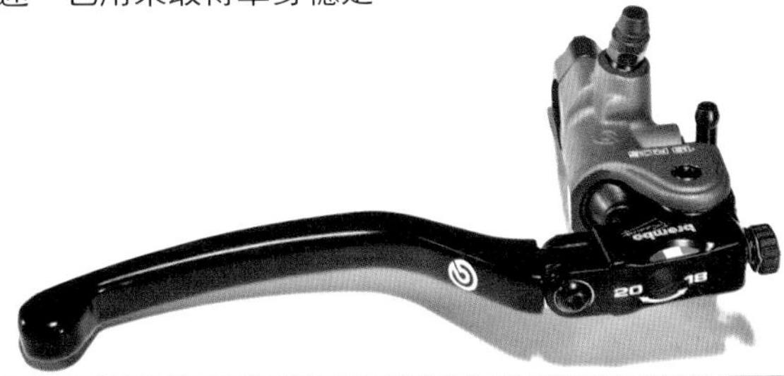

行駛於中央才是王道

跑在道路中間 才是平安回家之道

SPEC 19

山路上無論外側還是內側都有許多被汽車甩出的砂礫還有小石頭吧，那樣很容易滑倒。所以，基本上過彎取線以中間取線為上策，如果一直想著不要太靠近內側而只看著外側的話，不知不覺中就會越騎越外面，一直盯著道路中線的話，車行線也會漸漸地往內側靠近。經常看著彎道的全體，並且將視線向著打算行車的方向，在這樣的視線中保持在道路中央行進。

宮城流是這樣完成的
14年騎車生涯從沒摔過一次車

融合了多種安全駕駛的技巧而成
當然宮城年輕時也常摔車
偶爾還會受傷
這就來回顧一下
「宮城流」成立之前的時代吧

宮城光是在1983年擔任MORIWAKI車隊車手時嶄露頭角的，雖是新人，卻奪得兩次分站冠軍，鈴鹿4小時耐久賽中也奪得冠軍，照片中間的是當時的搭配車手福本忠先生，右邊則是八代俊二先生，當時還是靠感覺來騎車的

耀眼的歷年戰績

宮城光的主要戰績整個看下來成績真是斐然，曾奪過四次全日本冠軍，兩次全美冠軍，連汽車賽事都拿過一次冠軍，戰績真的相當輝煌。

宮城先生的車手生涯中還曾經騎著本田廠車參加GP500世界摩托車錦標賽的經驗，可說是精英中的菁英。

這麼厲害的高手宮城先生在當時一定已經存在著所謂「宮城流騎法」，當訪問宮城先生到底有什麼高超的騎乘技巧可以分享，宮城先生卻回答說在MORIKAWKI車隊「沒有什麼特別的喔……」。

當時宮城先生的監督森脇先生如此說到「他是那種騎100次車，即

較有彈性的車台有助練習

當問到宮城先生「什麼樣的車輛可提升技術」的時候，得到了上面的答案。撇除時間性的話，那麼他倒是很建議CBR250 跟 CBR600F

便99次被車子甩下來，只要1次讓他平安地把車子穩下來就會學到經驗的車手」。「現在想想也搞不清楚當時是怎麼騎車的」，宮城先生是這麼描述自己擔任本田廠車車手的時代的。

要說宮城先生是位天才車手，倒不如說他是位努力之才，因為宮城先生在當了車手之後，依舊每天騎著車在街道以及山路上磨練自身的騎乘感，而且行駛的距離相當可觀。

「因為我是職業的嘛，其實就像上班族，領了薪水不都是要每天到公司上班外加拜訪客戶的嗎？我覺得賽車手跟上班族一樣，如果沒有賽道可以跑的話就不跑，那感覺很奇怪。」確實也是如此。

可能是在每天的努力下，不知不覺之中提升

我到現在都還在累積經驗不過是增加安全駕駛的心得而不是速度方面

了騎乘的技巧，不過就算是現役車手，在一般道路上用力殺彎還是會感覺到風險的，「其實觀念比技術更重要，無論如何都絕不能摔車！隨時帶著這樣的堅強信念騎車，假如沒有這樣的信念，那麼碰到緊急狀況時的對應將會完全不一樣。摩托車摔車跟汽車發生車禍是一樣嚴重的，大家認為騎車從不摔車是不可能的吧？所以也不要把它當成很了不起的事情來講。正因為大家是業餘騎士，更要重視自身安全」。

宮城先生本身在這14年的騎乘生涯中都沒有摔過車。

「觀念改變的契機其實也很重要，例如當我還是GP500車手時的車隊總監岩崎勝先生就曾指導如何矯正我的騎乘姿勢。或

對車身＆避震器的想法是在美國重新領悟的

1993 年以後以美國為中心展開全新賽車生涯，在這段期間學到了人跨上車時避震器下沉量要處於 1G 狀態的重要觀念，左圖是騎乘巴堤爾斯車隊哈雷廠車的英姿

不管500還是250級騎乘姿勢改變不知多少回

經歷過 F1 跟 GP250 等級，宮城先生於 88~91 年進軍 GP500 賽事，不過對於騎乘姿勢之外的東西並沒有太過要求

是在美國比賽的時候，美國本田車隊的技師就教導我騎車時1G荷重觀念的重要性，自此之後我每次騎車都會一邊想像避震器在行程作動的樣子。」的確，就連高手等級的宮城先生也會碰到騎乘技巧上的轉機。

退役後的宮城先生現在希望將騎乘跟安全融合在一起，「宮城流」騎乘法將會繼續進化下去。

騎乘概念比車速跟傾角來得重要許多

騎乘的節奏
必須由自己創造

光靠「氣魄」騎車只會讓人更不安，也享受不到騎乘的樂趣
騎車時組織自己的騎乘節奏
預想接下來的動作才是真正享受操駕車輛的樂趣
宮城先生就是因為這樣才如此重視騎乘節奏的觀念

找到屬於自己的操駕節奏

不少騎士覺得自己已經很努力騎車了，不斷地在山路上來回鍛鍊自己，學習油門操控、換檔技巧、甚至是勉強自己採用內傾或是側掛的姿勢過彎，但就是騎不快，硬逼著自己騎快會令人感到不安，慢慢騎又感覺毫無操駕樂趣可言……。其實會有這樣的感覺，多半原因是在於沒有打造屬於自己的「騎乘節奏」。

大家可能一時之間還無法意識「節奏」跟騎車有什麼關係，其實車輛在各種路況下皆會產生各式各樣的反應，像是下坡彎道時車輛的配重會往前輪傾斜，上坡時負重則會轉移到後輪，碰到稍有突起的路面時，車輛會產生晃

(effect)

打造出騎乘節奏，騎乘方式就會跟著改變

❶ 騎乘時一面感受避震器的作動
比較容易打造騎乘節奏

❷享受低速狀態下摩托車獨一無二的
平衡感覺以及迴轉力

❸ 在決定好的進彎點以及時機過彎

節奏感在所有運動中都非常重要

無論哪種運動，控制動作的緩急以及計算時機的「節奏」都很重要，太過勉強自己，或是太過散漫的話，不但無法進步也無法充分享受樂趣的

動現象，煞車時會點頭，加速時前叉會回彈等諸如此類的反應……。

如果騎士單純只以身體被動地接收這些衝擊，而將創造節奏的任務都交給車子去做的話，則會難以享受騎乘樂趣，問題就不是車速跟傾角了。

在這裡比較重要的是，刻意去設計動作以及操作時機的輕重緩急，再配合Timing進行操作，打造屬於自己的騎乘節奏。

此外，懂得去留意避震器的動作以及換檔時機的話，那麼就能夠隨心所欲地打造屬於自己的騎乘節奏，更濃密地享受駕馭摩托車的樂趣。多多參考「宮城流」的觀念，您一定也找得到屬於自己的「騎乘節奏」！

Column 1

有彈性又柔軟的避震器就是好避震器

打造騎乘節奏的關鍵就在於能夠輕易操控車輛起伏的避震器，此外車身配置調整到可以完全發揮車輛性能的地步也相當重要，而調校的要點就在於回彈行程上。所謂的回彈行程指的就是當騎士跨上車輛時，避震器（搖臂）下沉的量，由於每位騎士的體重都不盡相同，所以才要調整好適當的下沉量。另外回彈行程對於後輪打滑時的恢復效應也有很重要的作用。

行程量大致
是這樣為參考
我的F4
後輪 1G'
是38mm。
MOTO CORSE

Rebond Stroke—回彈行程是什麼？

0G
指的是輪胎處完全離地，避震器完全伸展的狀態（有點不易測量）。
回彈行程就是指 0G 跟 1G' 中間的差距。

1G
指車輛完全靜止以車輛自重讓避震器下沉的狀態。
可用駐車架將車輛立起，並且測量後輪軸跟車身尾殼之間的距離。

1G'
1G' 指騎士跨上車輛後，避震器更加下沉的狀態。
宮城光的 F4 的後避震器回彈行程為 38mm，前叉的回彈行程為 42mm。

Column 2

避震器先從軟設定開始測試
首先從彈簧預載開始調整再來是阻尼的衰減力

調校時建議先從彈簧預載開始調整，並且務必確保足夠的回彈行程，另外由於體重會影響測量結果，所以必須在試車前調整，接著再去嘗試回彈阻尼，即使阻尼調整到最弱還是很安全的，阻尼最弱狀態時要是覺得車身動態太大，可漸漸增加阻尼力道。

後避震器

❹ 壓縮阻尼調整器
抑制避震器急遽下沉的幅度，是輔助性功能元件，另外也會影響雙人承載時碰到不平路面的騎乘感。

❺ 彈簧預載調整器
用來確保車身姿勢以及回彈行程的重要調整裝置，彈簧預載也用來調整騎士的體重差。

❻ 回彈阻尼調整器
回彈阻尼會大幅影響操控性以及穩定性，因此需要時常進行調校，也會影響壓縮阻尼反應。

前叉

❶ 回彈阻尼調整器
影響操控的輕快性、前輪抓地感以及穩定性。也會隨著後輪回彈阻尼的調校而影響騎乘感覺。

❷ 彈簧預載調整器
彈簧預載會影響車身姿勢以及煞車時前叉的下沉變化，另外也會影響車身起伏的強度。

❸ 壓縮阻尼調整器
對於抑制避震器急遽觸底狀況具有輔助的作用，可抑制重手煞車時車子大點頭的現象。

Column 3

廠車的避震器設定 絕對不會過於僵硬

可別以為廠車的避震器都硬得要死，其實職業車手要是沒有一輛值得信賴的車輛也是跑不出好成績的，所以好騎好操控的思維是跟市售車一樣的，基本上工廠賽車的避震器設定也是以「作動頻繁」為主。

Column 4

避震器設定沒有「最好」的設定 只要抓到「相對良好」的設定就可以了

由於每位騎士的騎乘方式都不太相同，所以說避震器並沒有所謂的「最佳設定」，其實只要找出自己覺得最好騎，相對良好的設定就行了，而不是「最速設定」。畢竟車子好騎，自然也比較好掌握騎乘的節奏，而有好的騎乘節奏，自然就能提升平均速度，再由這樣的騎乘感去找出最適合自己的設定。總之各位請放寬心，只要覺得避震器調整後的騎乘感覺比之前好騎就是正途，也可以進而提升自我的騎乘技巧。

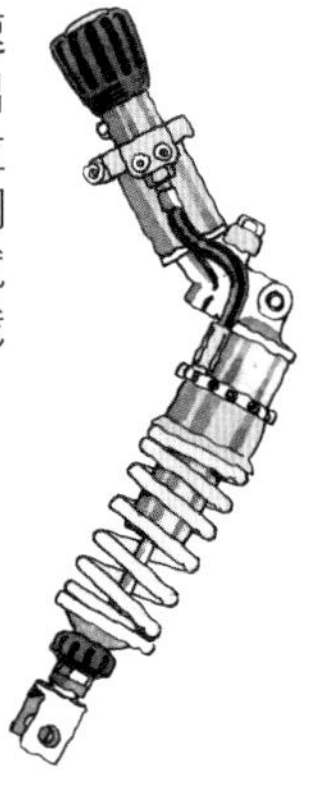

Column 5

降檔的節奏相當重要 總之盡量積極地換檔

其實 3 檔的馬力就相當足夠了，但還是刻意將檔位打到 5 檔，進彎的時候再以 5 檔→ 4 檔→ 3 檔切換。這些動作都是為了做出一個節奏，為了得到一個更好的過彎動作而做的，雖說檔位固定在一個檔位來騎車會比較輕鬆，不過單一檔位卻難以排列出騎乘節奏，車也會騎得亂七八糟。使用高檔位時可以享受到中低轉速域的充沛扭力，可安心的大開油門，更增添騎乘樂趣。

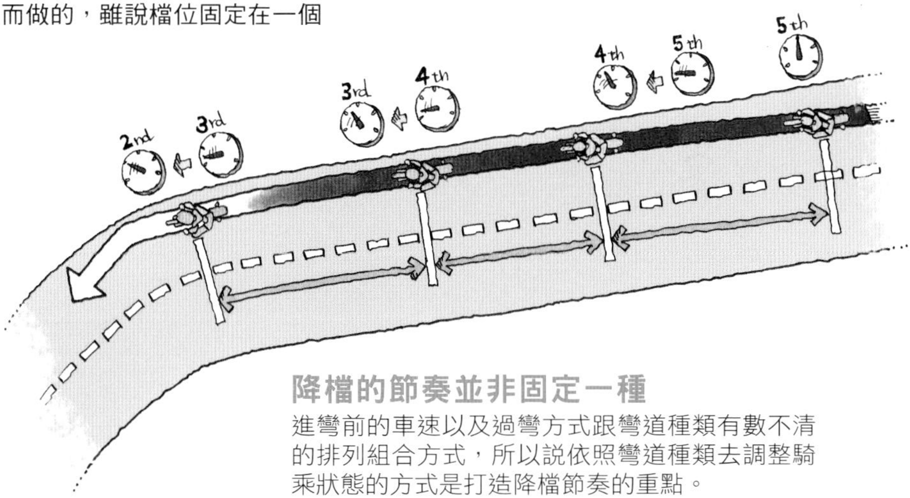

降檔的節奏並非固定一種

進彎前的車速以及過彎方式跟彎道種類有數不清的排列組合方式，所以說依照彎道種類去調整騎乘狀態的方式是打造降檔節奏的重點。

在愉悅的騎乘節奏中 退檔補油吧

配合引擎轉速的退檔補油動作力求手腕動作的節奏性，除了嘗試用退檔補油的方法去消除降檔時的震動，也請試著讓後作用力跟過彎時機做連結吧。

能夠因應意外狀況隨機應變

妥善運用 身體的方法

光越是戰鬥的騎法
能應對意外狀況的騎乘方式更是重要
運用身體讓車輛可隨時減速
務必要學會隨時控制車身動態的技巧

騎車時感覺
車身的前後擺幅，
可更進一步提升
騎乘的樂趣。

Column 1

鑽研車把的握持方法並力求操作細膩

煞車是任何時候都可能馬上用到的，打造騎乘節奏就不能少了油門和離合器的頻繁操作，也因為各個部位都需要細膩的操控，所以車把的握持方式就顯得相當重要。基本上建議以小指開始包覆握把的尾端，才不會造成手臂打直，以避免妨礙車輛的動作。讓食指時時刻刻放在煞車及離合器拉桿上，就可以隨時應對各種突發狀況，且能夠讓手指快速到達應到的位置。

食指放在煞車拉桿上可隨時應對各種突發狀況

食指放在離合器拉桿的習慣是在擔任試車手的時候養成的

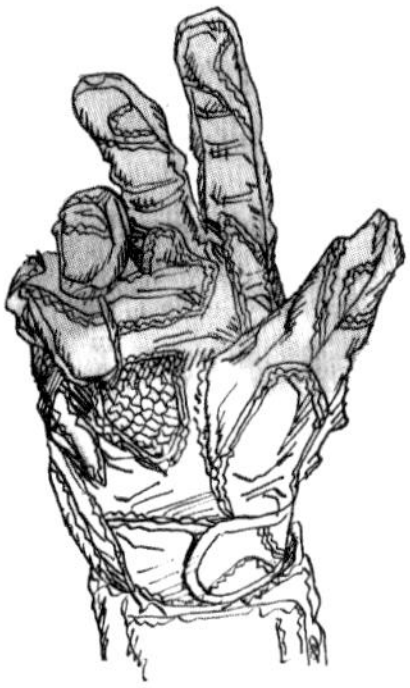

以小指開始整個包覆握把

以小指開始整個包覆車把可避免手掌跟大拇指的出力，還可進行細膩的操控，也可避免握車把時整隻手打直的狀況。

Column 2

隨時做好
減速的準備

不少騎士根本就不太用後煞車，不過其實煞車時，後煞車有助車身的穩定，更是控制車身點頭後仰時所不可或缺的好夥伴。緊急煞車畢竟十分危險，建議還是將腳掌放在後煞車踏板上，以隨時做好減速的準備。

圖片的方式才是正確動作，可馬上因應緊急狀況，還能控制車身前後擺幅的動作。

在高速公路或是需要長距離騎乘的時候，可把腳後移一點以減輕疲勞，不過車流量較多時建議還是回到原位

移動腰部攻略右彎，內側的腳總是會卡卡的，造成操控阻礙，其實只要將踩踏的位置往外移動一點就可讓腳更自由

Column 3

雙臂要擺放得像抱一顆雞蛋似的

手臂打直會妨礙車輛的行車動態，而且還會造成車輛無法順暢過彎，所以說騎車時雙臂姿勢要擺放得像抱一顆雞蛋似的，腋下切勿夾太緊，手肘打太直的話，一旦車輛出現搖晃狀態就會造成手臂打直去推車把，不可不慎。另外騎車上半身立起或是要往下趴的時候，手臂也要放輕鬆才行。握車把的姿勢非常重要，假如握車把時是以手掌整體圍住，或是以大拇指根部整個用力握的話，那麼很容易會出現手臂打直的狀況，請務必小心。

Column 4

利用雙腳以及臀部三點來確實hold住車子

由於騎車時手臂不能出力，所以穩定車身就只能靠下半身緊緊 hold 住了。加減速時不說，處理惡劣路面且車輛搖擺時，要想避免人車分離的感覺那就多加活用坐墊擋，並且以雙腳及臀部來將身體支撐住。

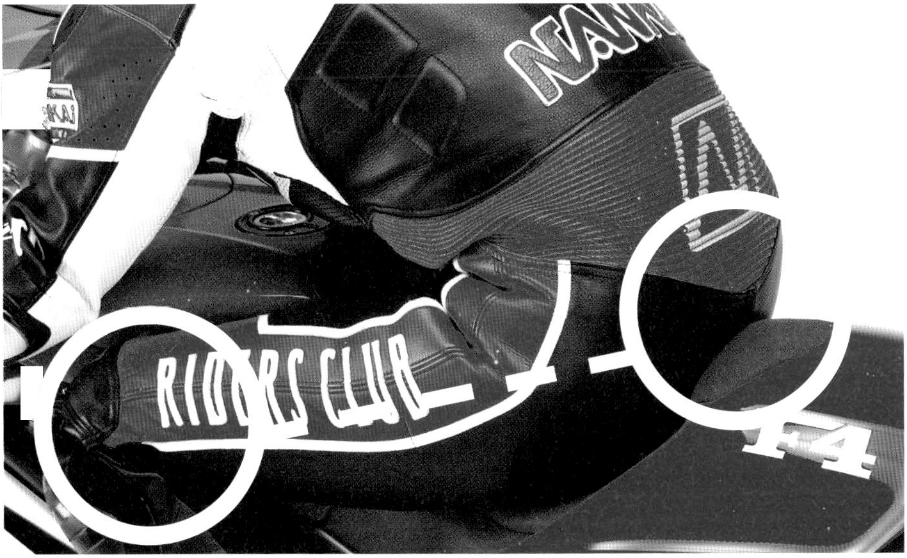

利用坐墊擋（無罩街車就利用前座跟後座之間的段差），並且藉著臀部以及雙腳緊密穩住

如果臀部隨時都抵住坐墊擋的話會非常辛苦（起步、停車還是快速道路上巡航時），平常騎車跟坐墊擋有點距離還 OK，不過減速或加速時就趕快讓身體往後抵著坐墊擋

腳掌務必向前，這麼一來膝蓋會自動收緊，並且緊緊夾住車身

動動上半身就可控制車身的荷重

騎車時千萬別讓人隨車子的意，最重要的是時時刻刻感受車輛的動態，並且還要調整體重荷重。

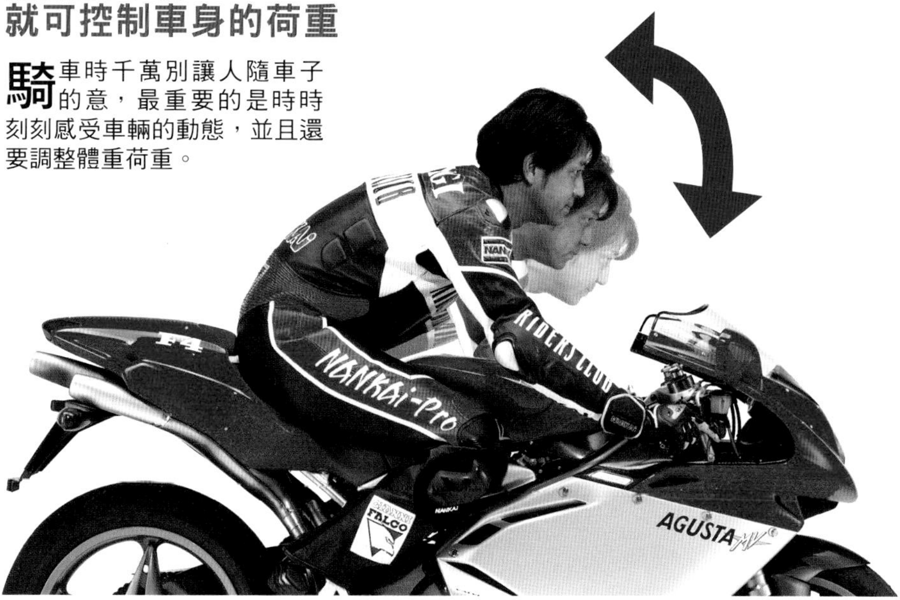

處理容易造成車輛下傾的下坡路段，建議稍微將上半身拉起以補足後輪的荷重，當後輪抓地力增加後油門也比較容易操作。

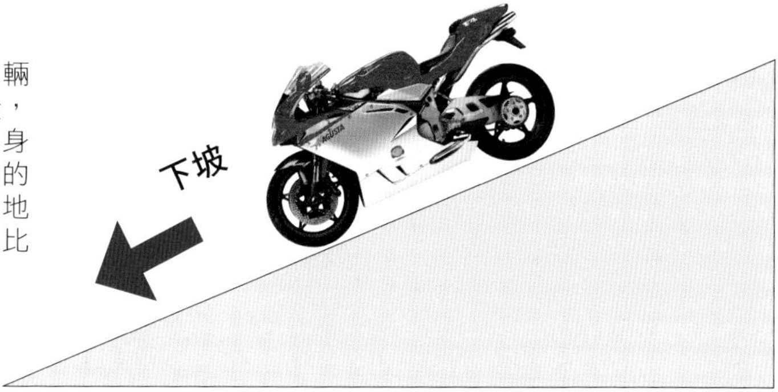

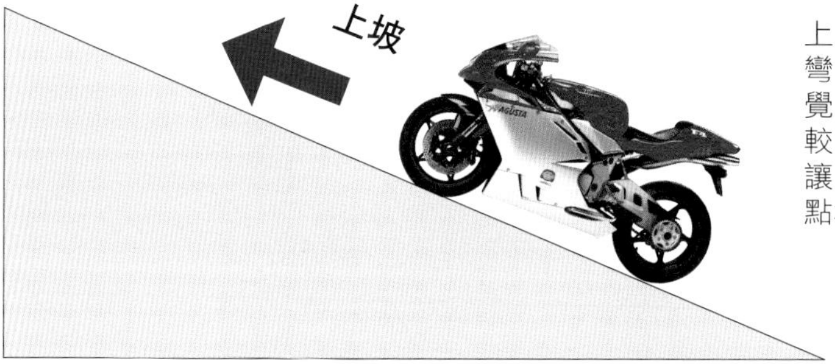

上坡的加速以及過彎出彎的時候會感覺前輪接地感的比較稀薄，建議此時讓上半身往前趴一點增加前輪的荷重。

Column 6

視線放遠
預先解讀彎道

攻略陌生山路時就務必要知道怎麼去預測眼前的彎道並且準備好過彎的姿勢，在處理盲彎時務必將視線放遠，以因應瞬息萬變的狀況。預測路況及對應比一味追求速度來的有趣，這也是一般道路騎乘的基本觀念，務必謹記在心！

目視彎道外側正面確認彎道的狀況

由於進彎前無法瞭解彎道的狀況，所以建議先以彎道外側的正面★作為暫定過彎點，並且一邊減速一邊往過彎點前進。

越往彎道深處視界就越寬闊

越往彎道深處，視界就越寬闊，雖然可看到彎道深處但還是看不到彎道出口，且道路護欄還是很彎的話，那麼就邊減速邊往★處前進。

將過彎點往彎道深處延伸

彎道深處的道路護欄角度雖緩，但由於看不到出口，所以從暫定入彎點★很有可能彎不過去，建議此時將過彎點往彎道深處進一步延伸。

看到彎道出口再催油

看到彎道出口後就可以大補油門出彎了，假如確認接下來還有一個彎道等著你的話，就趕快進行過彎的準備。

過於接近道路護欄是很危險的

假如太過刻意從道路外側過彎的話會過於接近道路護欄，假如出現什麼狀況是很難因應的，建議騎乘時速度保留一點以確保良好的騎乘取線。

切勿沿著道路中線騎乘

沿著道路中線騎車，雖然車子還在車線內，但騎士身體其實已經超出中線了，所以絕對不要沿著道路中線騎車。

騎乘技巧紙上教學

超級跑車馴服術

近年來歐系的超跑車以驚人的速度進化
對日系車展開猛烈攻勢，一口氣進入了電子裝置相互競爭的時代
每家車廠對超跑車所採取的思考態度都變得越來越個性化
一口氣檢視四部歐系跑車，解析它們的騎乘樂趣

歐洲車都很有自己的個性！

雖然同是跑車，騎乘感與取向卻截然不同

確實掌握驚人的猛烈性能

在歐系的公升級超跑上搭載了各種電子配備及高性能懸吊系統除了快以外，還要考慮誘發騎乘欲望的潛力與取向

DUCATI

過彎旋回時間
比其他車
來得長
Ducati的
斯巴達風格
依舊
一不小心
就磨膝了

DUCATI 果然還是嚴苛的代名詞！

有來自 MotoGP 賽事的技術支援，再加上以勝率高到令人咋舌的 WSBK 廠車作為基礎進行演化而成熟，本車擁有金字招牌背書的戰鬥力。除了優越的基本性能外，它也是率先使用滑動式離合器、道路循跡控制系統等電子配備的車款。不過，如果不是高階的專業車手，不知道該「如何讓車輛好操控，並藉由調校讓車子變得更快」的話，很難發揮其深邃的潛力。

想不斷增加過彎時的車速
俐落的過彎讓人回味無窮
優異的電子配備讓人催油無後顧之憂

APRILA

性能平衡最類似 MotoGP 廠車

配備小角度的V4引擎，在四家車廠中體積最為精簡，憑藉著短軸距優勢展現了刁鑽的過彎性能。APRC 騎乘動力控制系統名符其實，以最新的電子配備控制車輛的優異性能。由於有了這套系統，騎士在催油的時候也不會感到有任何的不安與猶豫；以較為熱血的方式騎乘時，車身與引擎控制的平衡性最為接近MotoGP廠車。

懸吊表現同樣優異，在路面品質不錯的賽道上，直接用原廠設定下去跑就可以跑得非常順暢爽快，當家超跑 RSV4 系列是一部既可享受騎乘樂趣，又可以提升騎乘技巧的機車。

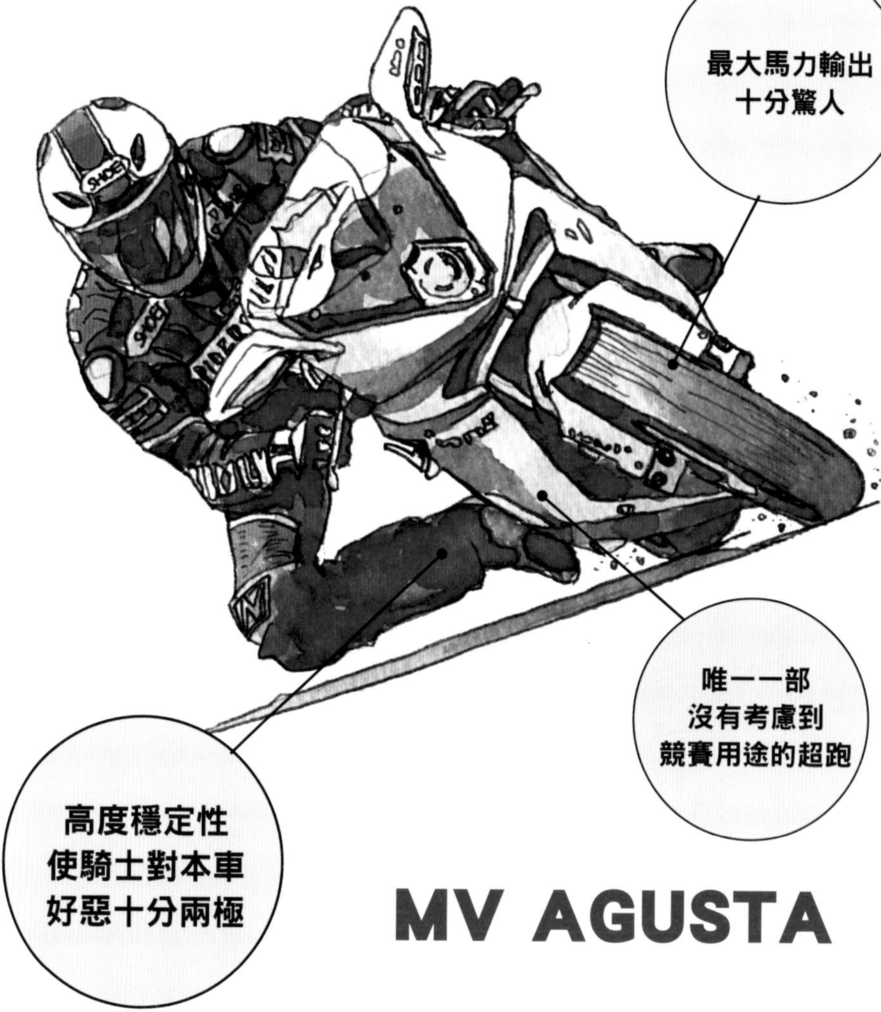
最大馬力輸出
十分驚人
唯一一部
沒有考慮到
競賽用途的超跑
高度穩定性
使騎士對本車
好惡十分兩極

MV AGUSTA

披著羊皮的狼 無法小覷的義式超跑

MV最知名的超跑車系F4 1000RR是公升級超跑中，唯一一部沒有被車廠用在比賽中的車輛，也因此其「公路最速機車」的設計理念相當明確。且雖然馬力與扭力都很強勁，卻十分好操控。不過相對來說，車身振動卻相當嚴重，也許這是引擎追求高馬力而採取的高壓縮比及輕量化曲軸所產生的現象。

MV的外觀雖走奢華風，但是騎乘風格卻相當狂野，跟第一代的750cc版本相較，簡直是兩部不同的車。雖然車體的尺寸應該是沒什麼變化，但騎乘位置卻讓人感到車身確實變大了，只要奮力騎一下馬上就會讓人出汗。

可以搭配
各種騎乘方式
令人安心
路況不好的話
不需考慮
選這一部就對了
溫馴好騎的印象
讓人感受到
BMW車系的血統

BMW

駕馭上毫無難度 可輕易享受騎乘樂趣

BMW旗下唯一性能超跑S1000RR，採用了所有車系中少見的並列四缸引擎以及雙樑翼鋁合金車架，要以同樣的型式與日系超跑車一決勝負。不過，它的騎乘感卻意外地讓人感到溫馴，即使在路面不佳的情況下騎乘也不會感到不安。全車不但充滿各種電子配備，且懸吊用出廠設定就很好騎了。

外觀給人的第一印象就是大，但是龍頭跟坐墊位置卻鑾近的，坐墊前端細窄，腳很容易踏穩地面。由於性能跟騎乘位置設計的緣故，讓第一次接觸超跑車這種姿勢較為前傾之車輛的騎士，也能夠很有信心地騎乘並且享受到騎乘樂趣。

最新科技為我們帶來了什麼？

智慧型超跑。

電子配備是讓超跑更加平易近人的必要裝備
歐洲車廠在這一方面的進步上快得令人吃驚
電子配備拓寬了騎乘領域
這樣如夢似幻的駕馭時代已經到來

循跡力控制系統

基本上，循跡控制系統是一個避險裝置，用來避免因為馬力過強，導致後輪無法承受而失去抓地力，甚至因為輪胎打滑而空轉之狀況發生。系統會先感測前輪轉動，偵測機車的速度，若是後輪轉動比前輪還要快，便會發生輪胎打滑的現象，因此系統會抑制引擎的馬力輸出，使後輪不至於打滑。

原本循跡控制系統是為了避免職業車手在過彎時，因為馬力過大而讓後輪往外大幅滑動，進而產生high-side意外，這是一套防患未然的安全裝置。

由於職業賽車選手已經習慣比賽中的高均速，因此會依照當下路面狀態、氣溫以及輪胎狀況等，來改變循跡防滑系統介入的程度，看是要稍微滑一點，還是要大幅滑動。不過，現在連市售車輛也可以從數個防滑控制階段之中，任意選擇適合自己的介入程度。

引擎輸出特性切換系統

現在越來越多的車輛不只具有循跡控制系統的等級，還可以選擇馬力／扭力輸出特性。

為了要發揮出最大馬力輸出，引擎高轉速化是必然的，不過如果遇到連續低速彎道，在一邊轉向一邊出彎回正的同時，扭力輸出及隨傳隨到的速度等，就必須仰賴車輛的低轉速域力道以及操控靈活性了。此時，高轉速優先的輸出特性是達不到什麼效果的。

因此，藉著電腦來控制噴射供油系統和點火時間等，可以將引擎的特性改變為重視中速域加速反應與扭力輸出特性，而這項技術現在已經成熟到可以實際應用在車輛上了。騎士們除了可以依照自己的喜好或行駛狀況，來改變引擎特性之外，還可以針對天氣等條件來進行變更……這樣有如夢幻一般的時代已經來臨了。

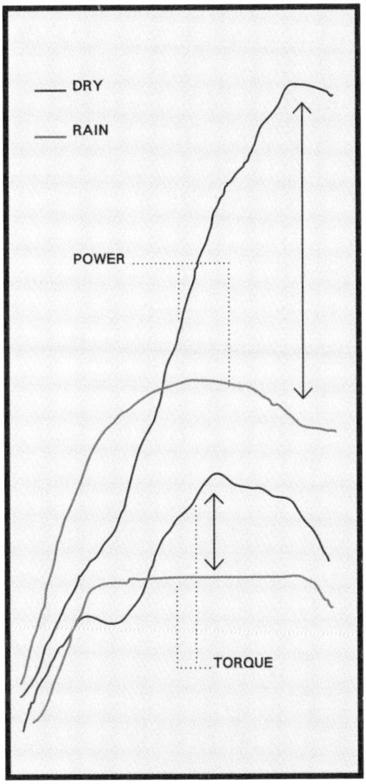

有四種動力輸出模式連動的循跡控制系統，ABS 會自動調整效果強度，不需要複雜的操控，只要按一下按鈕就能產生變化

要徹底發揮控制功能需要複雜的操作，但在行駛中變更循跡控制與引擎輸出則很簡單，只有 3 段式防孤輪控制必須在靜止狀態切換

電子配備對任何騎士來說都是優點

透過電子裝置來進行的循跡控制系統和引擎出力特性選擇，對於一般騎士究竟會帶來什麼樣的好處呢？

首先，對於過去沒有接觸過超跑車這種高性能車款的騎士而言，如果使用雨天模式的話，不管再怎麼催油，都可以十分安心，因為輪胎絕對不會打滑。騎士們再也不用擔心在出彎回正的時候，即使已經對後輪施加循跡力，仍會因突然的動力使後輪大幅滑動，造成翹孤輪的情況……。假使騎乘時不再需要去顧慮不安的部份，無庸置疑地騎士就可以好好享受騎乘時所帶來的樂趣了。對於已經習慣騎乘高性能車款的騎士們而言，因為有了這些電子裝置的關係，所以在路面溫度很低或是道路溼滑的狀況下，也不需要為了防止打滑而繃緊神經。在一開始行駛，還沒有充分暖胎的時候，只要選擇完全不會打滑的模式，騎士的愛車便可以遠離摔車的風險；在行駛一段時間，確認道路與車子的狀況之後，再設定為允許輕微滑動的模式即可。

有些騎士覺得太多的電子控制系統來輔助操駕會降低騎乘樂趣，但事實上其實會提升操駕時的安全感，就結果來說可以增加操駕的自信心，並且專心在享受騎乘樂趣上，所以電子控制系統其實不是妨礙騎士體驗的緊箍咒，反而是增添樂趣的裝置。

循跡控制系統只有在車輛完全停止的狀態下才能夠切換，不過引擎輸出模式在行駛中也可以切換

ABS也是很重要的功能

透在路面溼滑而溫度極低的狀況下，或在進彎前必須用力煞車時，都有可能會因為前輪鎖死而造成摔車的危險。此時，可以讓危機防患於未然的配備就是ABS—防鎖死煞車系統。

ABS防鎖死煞車系統最一開始是運用在飛機上的裝置，試想一下，如果載滿武器等爆裂物品的運輸機或是大客機在降落的時候輪胎因為打滑翻覆的話會發生什麼事情？想必一定是無法承受的傷害吧。後來開始運用在汽車上，行之有年之後也已經在汽車上普及，現在這股風潮也吹到摩托車上了。

過去的ABS都是當感測到輪胎要鎖死才釋放煞車，然後當抓地力恢復後再次復原煞車力道，不過這樣的做法會讓煞車反覆放開鎖緊，不習慣的騎士會受到驚嚇而將煞車握把整個放開。

最新的ABS系統會將這個反覆煞車的動作變得極輕微，讓騎士完全感受不到，或是將煞車動作進行管理控制，讓騎士不會感到動作斷斷續續，在讓車輛全力輸出的時候，也不會有不自然的地方。

當然，對初學者來說，沒有那種絕對不會讓車輪鎖死的煞車保險裝置。不過，對於想騎乘高性能跑車，又怕因為騎乘技術不夠純熟而摔倒，所以一直無法下定決心的騎士來說，超跑車配備了這樣的ABS煞車系統，應該是個最好的消息吧！

活用自己的身體與車輛上的配備

積極地讓輪胎產生形變讓車輛更好過彎！

一直維持讓輪胎產生形變，是有效提升過彎力的絕對條件
善加利用最新款超跑車的配備和自己的身體
營造出俐落又順暢的過彎性能吧！

電子配備對任何騎士來說都是優點

只要傾斜車身就會轉向是事實沒錯，不過若將過彎動作全都丟給車輛處理，只依賴輪胎的內向性斷斷續續地進行過彎的話，不但沒有辦法依照自己預期的路線轉彎，過彎時也無法獲得絲毫俐落感。這樣不僅沒有樂趣，還會帶給騎士很大的不安全感。

那麼，要如何才能隨心所欲地轉彎呢？答案其實就是對輪胎施壓使胎體變形。只要能讓前後輪牢牢貼住地面，發揮出往斜前方前進的力量，便可以讓機車更容易過彎。

可以用力催油

只要將循跡控制系統的干涉程度調到最高，即使油門全開也不會讓輪胎產生打滑現象，不過還是會有摔倒的危險。因此，在車體傾斜的狀態下請小心控制油門，出彎回正之後便可以用力催油了。

將體重確實置於坐墊上

上半身放鬆，讓體重確實承載於坐墊上。話雖如此，在進彎的時候要將重心放在前輪，過彎中要讓前後輪的重心平衡，出彎回正時的重心則是要放在後輪。在過彎時為了要調整重心方向，絕對不能死板地維持在同一個位置上。

利用循跡力來提升過彎能力

側傾時，前輪的形變可以增強車輛轉彎的性能。從過彎到出彎回正這整段過程中，透過後輪形變並有效使用循跡力，便可以俐落順暢地過彎。只要能做到這點，就能在過彎的路面上留下胎痕，並且順暢過彎。

再進一步講，要如何才能持續對輪胎施壓使之變形呢？首先騎士們要隨時注意，讓自己的體重對車胎產生負重，特別是騎乘姿勢得大幅往前趴的超跑車，只要一不注意，就有可能會用手臂去撐住龍頭以支撐自己的上半身，而這就是讓輪胎失去負重的最大原因。騎士必須學會即使手放開龍頭，依然能夠只靠下半身來維持住身體的騎乘姿勢。這對中年以上的騎士來說或許十分嚴苛，不過只要利用仰臥起坐或是蹲立運動鍛鍊一下身體，便可以在對輪胎施壓上獲得不錯的效果。此外，從減速到側傾時，利用煞車來壓縮前叉，也可以讓輪胎往地面緊貼。若是最新超跑所配備的高性能煞車，還可以進行更細緻的操控。

跑車基本騎乘姿勢

手打直便會撐著握把

本來要輕輕彎曲手肘，就像抱著一顆大雞蛋一般，這樣一來上半身才可以隨意自由地行動。要是如同圖片一樣讓手伸直去撐著龍頭，後輪的負重便會跑掉，無法順利對輪胎施加重量

兩腳不能向外張開

在行駛的前傾姿勢中，即使手不去握龍頭，還是要能夠靠下半身來維持上半身的穩定。腳向外張開的話，膝蓋無法抵著油箱，難以維持下盤穩定

Column

想要體驗過彎樂趣可將胎壓降低一點

輪胎適度的形變，可增強抓地力和掌握路面情況的能力，還能發揮車輛的過彎能力，而胎壓正是其中的關鍵。原廠指定胎壓都相當高（大排氣量車款基本上為36psi左右），這麼高的胎壓基本上是雙人高速騎乘，或是考量到通過很大縫隙時的設定，不過一個人在賽道上騎乘或是在路面狀況不錯的上坡彎道的話，建議降點胎壓，騎起來會更加順暢舒適。

建議設定值

一般道路	賽道
34psi	**30psi**

打造屬於自己的騎乘節奏！
讓車身前後擺幅更易於感受 就是通往易於操控的捷徑

行駛中的機車會產生很多動作，其中最重要的就是「前後翹翹板效應」（Pitching Motion）如果可以隨自己的意思，將翹翹板效應與進彎動作同步駕馭機車的滿足感將會加倍喔！請先將您的機車調整到可以感受翹翹板效應吧！

車身的翹翹板效應是什麼？

車身翹翹板效應就是以車輛重心（包含騎士的位置）為軸心，車身進行的前後擺動幅度。雖然油門的開閉、煞車、身體重心移動等都會影響車輛的擺幅，不過車身前後擺幅基本上受避震器設定的影響最大。

車身前後上下移動的翹翹板效應

基本上車輛減速時，車頭會往前下方下沉，加速時車頭則是往上抬起。由於機車具有翹翹板效應，如果過彎時車頭往前下方的擺幅能配合過彎側傾的時機，那麼就可以讓前叉傾角出現角度，讓過彎動作變得更為俐落。

那麼，何種程度的翹翹板效應才算是好操控的

呢？

基本上，每位騎士的感覺和騎乘技巧都會影響這個問題的答案，不過重點還是在於如何感覺車身前後翹翹板效應這件事。假如騎乘時感覺不到車身的前後翹翹板效應，那麼很有可能是懸吊的彈簧預載和阻尼回彈力設定太高所致。

若是遇到這種情況就必須做調整了，基本上最新款超跑車的懸吊都是全功能可調的，所以懸吊調整並不是什麼問題。

先不要想得太複雜，總之首先將懸吊調弱，試著去感覺車輛的擺幅（建議使用後文的推薦設定值去調校）。

過彎時保留荷重的腰部移動方式

直線時乘坐重心放在坐墊後方

在直線騎乘中，上半身趴下的同時，腰部往後拉，讓體重確實放置於坐墊後方。

減速同時抬起身體進行移動

將上半身抬起、下半身滑出時，手臂保持放鬆狀態。跟直線騎乘時相同，腰部往後拉。

－

＝ 建議調校成 **1英寸**（約25mm）

1G

機車的避震器完全因為本身車重而下沉的量，用駐車架將機車立起來，計算後輪輪軸與車尾整流罩的距離。

1G'

騎士在 1G 的狀態下跨上車身，避震器更進一步往下沉的狀態，1G 和 1G' 的差距大約為 1 英寸（25mm）。

身體往斜前方滑出並讓車身傾倒

利用過彎外側的大腿內側往油箱壓，同時身體往斜前方滑出，上半身會因為這樣的動作而更為提升。

身體稍微下降讓車身前後平衡

車身傾倒後小腹要稍微收一點，身體稍微趴一點，這樣才能讓車輛維持穩定的過彎狀態。

上半身往前趴對前輪施加負重

出彎時身體移到坐墊後方對後輪接地點施加負重，上半身則往前趴，對前輪施加負重避免前輪浮舉。

Column

感覺不到翹翹板效應
會造成不安感和不好騎

由於超跑車考慮到在賽道上的騎乘性與雙載時的高速巡航，所以原廠的預設值基本上都很硬。另外，歐美車對於騎士身材的預設條件一定比東方騎士來得高大。因此，若是東方人來騎歐洲車，由於避震器不太會作動，通常會感覺不到避震器的前後擺幅。遇到這種情況就不要猶豫，把避震器設定得軟一點吧！

系列叢書

你有關於重機騎乘的疑難雜症嗎？

大手騎乘技巧書籍

快意過彎寶典
作者：流行騎士編輯部 / 編
定價：350 元

彎道攻略可說是摩托車運動的醍醐味之一，從快意順暢的切入、恰到好處的壓車迴旋到擺正加速揚長而去，這個過程蘊藏了許多值得騎士探索的空間。但其實除了操駕技巧外，許多騎士常常忽略車輛設定也是影響過彎的重要因素這件事。為了幫助不知道該如何設定愛車的讀者，本書同時討論可以自行調整的車輛設定與利於過彎的操駕技巧，讓兩方面彼此可以互相協調，達到人車一體的境界。

高手過招 2
作者：根本健
定價：350 元

《高手過招 2》彙整《流行騎士》2016-18 年連載內容，根本先生以其深厚的知識經驗，從車輛設計、原理解說、操駕疑難、部品調校到開拓重機人生的指南，全方位解答你的疑惑。

高手過招 1
作者：根本健
定價：350 元

前 WGP 車手根本健執筆的《高手過招》來解答你的重機問題！從機械原理、操駕技巧、部品保養、旅遊知識到保健秘訣，細膩解答關於大型重機的所有疑問，幫助你快樂享受重機人生！

操駕技巧、機械知識到私房秘訣盡在此處

TOP RIDER 流行騎士 大手

\ 大手騎乘技巧書籍 /

實戰重車戰情局

作者：流行騎士編輯部 / 編
定價：350 元

煞車操作是摩托車操駕的一大重點。好的煞車操作能提升操駕質感，讓你無論在直線煞停還是進彎減速都能確實掌握車身動態，優化效率。不好的煞車操作會讓你心生畏懼，一扣下去不是過猛就是沒力，怎麼做都覺得卡卡怕怕的。本書以煞車操作為主軸，輔以油門操作、重心分配等騎乘技巧，幫助你精準煞車正確操駕，騎乘品質大躍進！

大人的騎乘學堂 1

作者：流行騎士編輯部 / 編
定價：350 元 / 本

摩托車的機械構造與駕馭技巧息息相關，唯有通曉其原理，才能正確的發揮其性能。《大人的騎乘學堂》系列精心整理 26 項騎乘課題，交叉講解科學原理與應用技巧，讓你一次開竅。特別附錄街車騎乘道場，親身體會才是提升技術的正道！

大人的騎乘學堂 2

作者：流行騎士編輯部 / 編
定價：350 元 / 本

摩托車的機械構造與駕馭技巧息息相關，唯有通曉其原理，才能正確的發揮其性能。《大人的騎乘學堂》系列精心整理 26 項騎乘課題，交叉講解科學原理與應用技巧，讓你一次開竅。特別附錄街車騎乘道場，親身體會才是提升技術的正道！

TOP RIDER 流行騎士 菁華出版社

訂閱辦法

郵政劃撥　劃撥戶名：菁華出版社　劃撥帳號：11558748

銀行電匯　TEL：(02)2703-6108#230 FAX：(02)2701-4807
匯款帳號：(銀行代碼 007) 165-10-065688

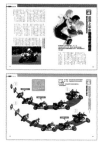

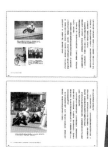

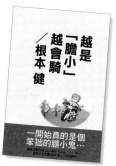

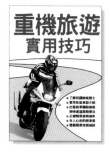

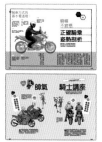

旅遊知識、實用部品到便利竅門應有盡有

TOP RIDER 流行騎士 大手

大手重車旅遊書籍

一次上手的重機露營手冊

作者：流行騎士編輯部 / 編

定價：350 元

「今年一定要騎著愛車露營旅行！」許多人都有想過自己試試看騎乘重機出門露營，但在準備要付諸實行時，卻常常因為行李裝載、帳篷搭設、野外料理等不安因素層層阻礙，最終因此打消念頭、讓計劃付諸流水。本書特別為了摩托車騎士們量身打造騎車出門露營旅行的完整教學與示範，讓所有困難和疑問全數迎刃而解，幫助你可以充分享受騎車露營的無上樂趣！

重車旅遊樂活指南

作者：流行騎士編輯部 / 編

定價：380 元

隨性所至，跟著愛車一同駛向遠方吧！親身體驗「不設限」的重機之旅，跟著自己的 GPS 前進；掌握重機出遊重點，一路順暢無窒礙；簡單的飲食運動保健妙招，讓重機人生長長久久。

自由自在的重機騎旅秘笈

作者：流行騎士編輯部／編

定價：350 元

對單獨騎車出遠門感到不安嗎？讓《重機騎旅秘笈》來為你敞開大道吧！無論是行程安排、時間控管、道路問題、疲勞消解…各式各樣的疑難雜症，本書都能幫助你輕鬆克服！

TOP RIDER 流行騎士 菁華出版社

訂閱辦法

郵政劃撥 劃撥戶名：菁華出版社　劃撥帳號：11558748

銀行電匯 TEL：(02)2703-6108#230 FAX：(02)2701-4807

匯款帳號：(銀行代碼 007) 165-10-065688

流行騎士系列叢書

熟練駕馭
跑車教戰手冊

編　　者：流行騎士雜誌編輯部
執行編輯：倪世峰
美術編輯：林守恩
文字編輯：林建勳

發 行 人：王淑媚
出版發行：菁華出版社
地　　址：台北市 106 延吉街 233 巷 3 號 6 樓
電　　話：(02)2703-6108
社　　長：陳又新
發 行 部：黃清泰
訂購電話：(02)2703-6108#230
劃撥帳號：11558748

印　　刷：科樂印刷事業股份有限公司
(02)2223-5783
http://www.kolor.com.tw/site/

定　　價：新台幣 350 元
版　　次：2021 年 12 月初版

ISBN：978-986-99675-4-9
Printed in Taiwan

TOP RIDER

流行騎士系列叢書